Schweine

Ein Portrait
von
Thomas Macho

NATURKUNDEN

NATURKUNDEN № 17

herausgegeben von Judith Schalansky
bei Matthes & Seitz Berlin

Inhalt

Einleitung: Schwein und Schein **7**

Einzug ins Haus: Domestikationsgeschichte **13**

Speisetabus **25** Schweine in der Antike **35**

Die Schweine des Antonius **48** Zwischenspiel am Pazifik **57**

Verwandlungen: Zur Erotisierung der Schweine **63**

Gebildete und abgebildete Schweine **73**

Glücksschweine, Sparschweine, Kuschelschweine **87**

Schweinekuren, Schweineversuche **96**

Schwein und Fleisch: Porcile und Pigtopia **103**

Portraits

Angler Sattelschwein **122** Bentheimer Landschwein **124**

Berkshire-Schwein **126** Chato Murciano **128**

Duroc-Schwein **130** Kune Kune **132** Large White **134**

Mangalitza-Wollschwein **136** Piétrain **138**

Schwäbisch-Hällisches Landschwein **140**

Vietnamesisches Hängebauchschwein **142** Wildschwein **144**

Anmerkungen **146** Weiterführende Literatur **152**

Abbildungsverzeichnis **154**

Einleitung:
Schwein und Schein

Schweine sind bewundernswerte und beunruhigende Tiere. Sie ziehen an und stoßen ab: Die angemessene Nähe und Distanz zu finden fällt schwer, die Grenzen zwischen Schweinen und Menschen bleiben unscharf, verwischt, die Beziehungen ambivalent. Als ich die ersten Entwürfe des Buchcovers zu sehen bekam, bin ich zweimal erschrocken: Zuerst fiel mir die Doppeldeutigkeit des Dativs auf: Der Untertitel »Ein Portrait von« kann ja sowohl auf das Gemalte und Beschriebene als auch auf den Malenden und Schreibenden selbst bezogen werden. Danach bin ich gleich noch einmal erschrocken, im Einklang mit der sofort auftauchenden Frage: Wieso ist mir dieser Doppelsinn bei den Portraits der Krähen, Heringe, Eulen oder Esel, die in derselben Reihe in ähnlicher Aufmachung erschienen sind, nicht aufgefallen? Gewiss, als Schwein oder Sau will niemand bezeichnet werden, aber warum eigentlich? Worin wurzeln die Affekte, die unmittelbar zur Distanzierung nötigen? Eine erste Antwort lautet: Schweine sind uns nah und fern zugleich. Manchmal scheinen sie geradezu als Doppelgänger der Menschen aufzutreten, aber diese Doppelgänger sind Botschafter des Fremden. Sie verkörpern – im Sinne Freuds – das Unheimliche, das in den Winkeln des Heimischen nistet: verdrängt, verborgen, versteckt. Schweine sind uns nah und fern zugleich. Wer seinem Doppelgänger begegnet, empfängt nach verbreitetem Volksglauben eine Ankündigung des baldigen Todes.

Schweine sind solche unheimlichen Doppelgänger. Darum heißt es in den letzten Sätzen von Orwells *Farm der Tiere*, einer weder menschen- noch schweinefreundlichen Parabel: »Die Tiere draußen blickten von Schwein zu Mensch und von Mensch zu Schwein, und dann wieder von Schwein zu Mensch; doch war es bereits unmöglich zu sagen, wer was war.«[1] Ähnlich zweideutig dichtete Gottfried Benn: »Die Krone der Schöpfung, das Schwein, der Mensch«,[2] während Winston Churchill bemerkte: »Ich mag Schweine. Hunde schauen zu uns auf, Katzen schauen auf uns herab. Schweine begegnen uns auf Augenhöhe.«[3] Aber worin besteht diese »Augenhöhe«? Dass wir Schweine ihrerseits auf Augenhöhe behandeln, kann ja nicht behauptet werden: Wir jagen und züchten Schweine, um sie zu essen. Schweinefleisch ist das beliebteste Fleisch. Weltweit werden jährlich mehr als 116 Millionen Tonnen produziert,[4] im Laufe ihres Lebens verzehren die Deutschen durchschnittlich vier Rinder und vier Schafe, aber immerhin 46 Schweine.[5] Die Zahlen erschrecken, weil wir ihnen keine konkrete Wahrnehmung zuordnen können. Die Schweine, die auf unseren Tellern als Schnitzel, Speckwürfel oder Wurstscheiben landen, erinnern – anders als Fische oder Hühner – zumeist nicht an die Gestalt der Schweine. Wir essen also dauernd Schweine, ohne sie zu bemerken.

Schweine sind uns nah und fern zugleich; einerseits sind sie fast unsichtbar, andererseits geradezu »allgegenwärtig«, wie Marilyn Nissenson und Susan Jonas behaupten. Sie sind abwesend anwesend. Während wir unsere Lebensration von 46 Schweinen vertilgen, bevölkern sie einen ausgedehnten Raum des Imaginären, der von Mythen, Fabeln und Legenden, Gedichten und Romanen, Bildern, Filmen, Kunstprojekten und Theateraufführungen bis zu Werbeplakaten, Geschirr, Spielzeug und mehr oder weniger kitschigen Alltagsobjekten reicht. Ein Portrait der Schweine bewegt sich also in einem weiten Feld, das einerseits von realen, doch unsichtbaren, unkenntlichen Borstentieren beherrscht wird, andererseits von deren imaginären, in die extremen Register der Sichtbarkeit transponierten Wunsch- und Zerrbildern, von Miss Piggy bis zu Schweinchen Babe oder zu Orwells Napoleon. Schwein reimt sich auf Schein: Aber dieser Schein – im Wechselspiel zwischen Artefakten und Projektionen – verdunkelt die wirklich lebenden Tiere. In meiner Kindheit habe ich noch Schweine im Stall gesehen, eine Schlachtung verfolgte mich bis in meine Träume. Nicht das scharfe Messer oder die Blutströme haben mich besonders erschreckt, sondern das Schreien der Schweine. Sie schreien wie Menschen, wenn sie umgebracht werden.

Dabei wurden Schweine bis zu modernen Zeiten nicht nur in Ställen und Wäldern gehalten, sondern auch in den Städten. Sie wurden in ›Schweinebuchten‹ an den Häusern eingesperrt und mit Abfällen aus Haus und Garten ernährt, mehrmals am Tag wurden sie über Plätze und Gassen getrieben oder liefen sogar frei umher. Diese Praxis fand – besonders nach den großen Pestwellen im Spätmittelalter – so umfassend Verbreitung, dass die Stadträte immer wieder Verordnungen und Verbote erlassen mussten, offenbar mit mäßigem Erfolg. Im Jahre 1410 begrenzte die Stadt Ulm (damals mit ungefähr 9 000 Einwohnern) die Anzahl der Schweine, die ein Bürger halten durfte, auf 24 Stück. Außerdem sollten die Schweine nur eine Stunde lang während der Mittagszeit freilaufen dürfen. Halle verbot 1468 die Schweinehaltung in der Stadt, um 1500 kamen in Frankfurt zumindest 1 200 Schweine auf 10 000 Einwohner. In Berlin wurde die Schweinehaltung im Jahr 1685 verboten, angeblich weil das Pferd des Großen Kurfürsten Friedrich Wilhelm einmal fast über ein Schwein gestolpert wäre – und kurz danach eine ganze Schweineherde die Karosse seiner Gemahlin an der Weiterfahrt gehindert habe.[6] Noch im Jahr 1709 war der Hamburger Senat gezwungen, auf Plakaten darauf hinzuweisen, dass die Schweine »zum öfftern ausgelassen und hin und wieder auf den Gassen Hauffenweise gefunden werden, welches nicht allein einen bösen Gestanck verursachet, sondern dadurch böse gifftige und gefährliche Kranckheiten in dieser Volckreichen Stadt leichtlich entstehen könten«. Die Bürger wurden aufgefordert, innerhalb von acht Tagen ihre Schweine zu schlachten oder zu verkaufen, wenn sie nicht hohe Geldbußen und die Beschlagnahmung ihrer Schweine – zugunsten bedürftiger Soldaten – riskieren wollten.

Die Stadtschweine sind keineswegs ausgestorben, auch wenn sie sich inzwischen auf anderen Kontinenten tummeln. Gegenwärtig leben etwa in Havanna rund 63 000 Schweine, und auch in Mexiko-Stadt gibt es mehr als 22 600 Borstentiere. Die rund 60 Millionen Schweine, die in Deutschland jährlich geschlachtet werden, sind dagegen fast unsichtbar. Eine Schweinemastanstalt mit vielen tausend Tieren kenne ich nur aus Dokumentarfilmen; auch einen Schlachthof – der die Genealogie moderner Institutionen im Sinne Foucaults, neben Gefängnis, Irrenhaus und Klinik, ergänzen müsste – habe ich niemals besucht. Und sogar den Wildschweinen, die eine Stadt wie Berlin bevölkern, in der ich seit mehr als zwanzig Jahren lebe, bin

EINLEITUNG: SCHWEIN UND SCHEIN

Brehms Tierleben: *Wildschwein mit zärtlich-verspielten Frischlingen.*

ich bis heute nicht begegnet; dabei sollen es inzwischen mehr als sechstausend Tiere sein, die der deutschen Metropole den zweifelhaften Ehrentitel ›Hauptstadt der Wildschweine‹ eingetragen haben. Längst hat die Berliner Senatsverwaltung eigene Ratgeber publiziert, in denen der richtige Umgang mit Wildschweinen im Stadtgebiet empfohlen wird: Füttern verboten!

Schweine sind uns nah und fern zugleich. »Ich liebe Schweine«, bekannte Cora Stephan in ihren *Memoiren einer Schweinezüchterin*. »Sie sind ideale Hausgenossen. Sie durchstöbern die Mischwälder nach Eicheln, Eckern, Kastanien und Pilzen. Sie fressen Würmer, Engerlinge, Insektenlarven und erlegen schon mal Mäuse oder andere Nager. Sie stellen ihre prächtige Nase in den Dienst der Trüffelsuche (teilen wäre allerdings fair!), lassen sich als Rauschgiftspürschwein und sogar als Jagdsau mit Vorstehqualitäten ausbilden. Sie sind klug wie Delphine, zart und ausdauernd in der Liebe und sensibel genug, um es nicht mit jedem oder jeder zu treiben. Sie sind verspielt und genußsüchtig, frech und anhänglich, gute Läufer, ausgezeichnete Schwimmer und wären des Menschen bester Freund, erschräke dieser nicht vor seiner Ähnlichkeit mit dem sprachgewandten Borstentier. Es wäre nicht das erste Mal, dass Ähnlichkeit zu erbitterter Feindschaft geführt hätte«.[7]

Einzug ins Haus:
Domestikationsgeschichte

Wie wurden wilde Schweine domestiziert? Einfacher gefragt: Wie sind sie ins Haus gekommen? Es war womöglich ein langer Weg; schon *Brehms Tierleben* betonte das schüchterne, wenig anhängliche Temperament der Schweine: »Vorsichtig und scheu, fliehen sie zwar in der Regel vor jeder Gefahr, stellen sich aber, sobald sie bedrängt werden, tapfer zur Wehr, greifen sogar oft ohne alle Umstände ihre Gegner an. Dabei suchen sie diese umzurennen und mit ihren scharfen Hauern zu verletzen, und sie verstehen diese furchtbaren Waffen mit so großem Geschick und so bedeutender Kraft zu gebrauchen, daß sie sehr gefährlich werden können. Alle Keiler verteidigen ihre Bachen und diese ihre Frischlinge mit vieler Aufopferung. Ungelehrig und störrisch, erscheinen sie nicht zu höherer Zähmung geeignet, wie überhaupt ihre Eigenschaften nicht eben ansprechend genannt werden dürfen.«[1]

Entgegen allem Anschein reicht die Domestikation der Schweine, die zur zweiten Unterordnung der Paarzeher gerechnet werden, jedoch mindestens acht Jahrtausende zurück. Nach neuerer Systematik werden die Wildschweine in 32 Unterarten gegliedert, die wiederum in drei – allerdings immer wieder revidierte – Gruppen zusammengefasst werden können: »die eigentlichen Wildschweine (*scrofa*-Gruppe) mit Verbreitung in Europa, Nordafrika sowie in West- und Mittelasien, die Bindenschweine (*vittatus*-Gruppe) mit Verbreitung im indonesischen Raum sowie in Japan, China und Ostsibirien sowie die indischen Schweine (*cristatus*-Gruppe) aus Vorder- und Hinterindien.«[2] Und fast alle dieser Gegenden kennen oder kannten Formen der Koexistenz von Schwein und Mensch. Die Domestikationsgeschichte des Wildschweins begann in verschiedenen Regionen Asiens. Wie bei Schafen und Ziegen kann der Domestizierungsprozess nur aus einer signifikanten Abnahme der Knochengröße der Tiere gefolgert werden. Bei Ausgrabungen der neolithischen Siedlung Çayönü (in Anatolien, am Rand des Taurus-Gebirges) ließ sich etwa die Hälfte der gefundenen Schweineknochen domestizierten Tieren zuordnen; auch für das nordirakische Jarmo (an den Ausläufern des Zāgros-Gebirges) konnte ein allmählicher Beginn der Schweinehaltung zu Beginn des siebten Jahrtausends belegt werden.

Im Unterschied zu modernen Züchtungen wurde die Domestikation von Wildtieren kaum jemals geplant und strategisch verfolgt. Während langer Zeiträume resultierte sie – mehr oder weniger zufällig – aus der Pragmatik verschiedener Maßnahmen zur Haltung der Tiere: als Nebeneffekt der Gefangenschaft und des Bewegungsmangels, einseitiger Ernährungsbedingungen oder der präventiven Tötung besonders widerspenstiger und selbstbewusster Tiere, die eine Lenkung der Herde erschwerten. Die Domestikation könnte als eine Art von Allianzbildung zwischen Tieren und Menschen beschrieben werden, in der ein effizienter Tausch vollzogen wurde: Nahrung und Schutz vor Feinden kompensierten den partiellen Verlust von Freizügigkeit. Diese Relation erinnert nicht zufällig an die Funktionsordnung der frühen Städte, an die wechselseitigen

Abhängigkeiten von Bauern und Stadtbewohnern, die gleichsam ihre agrarischen, bautechnischen (Mauern, Kanäle und Bewässerungssysteme), ökonomischen (Kornspeicher, Handel) und militärischen (Verteidigungsanlagen) Kompetenzen gegen den Ernteertrag tauschten.

Manche Tiere – beispielsweise die Hunde – suchten geradezu die Allianz mit den Menschen, sodass die zeitgenössische Ethologie gern die Frage aufwirft, wer hier eigentlich wen domestiziert habe. Andere Tiere ließen sich dagegen überhaupt nicht domestizieren, weil sie in Gefangenschaft rasch zugrunde gingen oder sich nicht fortpflanzten. Ochsen, Esel oder Pferde avancierten im Verlauf ihrer Domestikation zu wertvollen Arbeitskräften; Ziegen, Schafe oder Rinder leisteten einen bedeutenden Beitrag zum gemeinsamen Leben mit den Menschen, indem sie Nahrung, die für humane Mägen ungenießbar ist (wie Gras und Heu), in Milch, Fett, Butter, Käse oder Wolle umwandelten. Beinahe von selbst versteht sich, dass diese Tiere nur ausnahmsweise und zu seltenen Gelegenheiten verzehrt wurden. Ihr lebendes Fleisch war schlicht wertvoller als das Schlachtfleisch, das ohnehin nur schwer konserviert werden konnte. Schweine wurden dagegen von vornherein für den Fleischverzehr gehalten. Sie taugten nicht als Zug-, Last- oder Reittiere; allenfalls konnten sie – falls gerade keine Rinder oder Esel verfügbar waren – über die Tenne zum Dreschen getrieben werden. Vor ihrer Schlachtung erzeugten sie keine Fette, erst recht keine Milch oder Käse, fraßen aber dieselben Nahrungsmittel wie die Menschen: Schweine sind Allesfresser – wie die Menschen selbst. Diese Ähnlichkeit machte die Schweinezucht nicht selten zu einem ernährungsökonomischen Risiko. Denn in Zeiten der Nahrungsknappheit musste sichergestellt bleiben, dass der Unterhalt der Schweine den Tellern der Menschen nicht mehr abspenstig machte als er ihnen zuführte. Daher trugen Schweinehalter stets dafür Sorge, dass ihre Herden genug Nahrung auf den Weiden fanden und nicht zu sehr auf die Futtertröge der Küche angewiesen waren.

Als bevorzugte Weiden galten Laub- und Mischwälder, Sumpf- und Schilfgebiete. Die Bergländer des Fruchtbaren Halbmondes waren unter solchen ernährungsökologischen Gesichtspunkten denkbar ungeeignet. Anders sah es in Südostasien und China aus, wo das Schwein als ältestes Wirtschaftstier genutzt wurde. Wie Norbert Benecke berichtet, stammen die frühesten Knochenfunde vom Hausschwein aus Siedlungen der chinesischen Ci-shan-Kultur etwa vor 8 000 Jahren. Rinder, Schafe und Ziegen folgten erst in der späteren Yangshao-Kultur. Im alten Ägypten können Hausschweine ab dem fünften Jahrtausend nachgewiesen werden; Knochenfunde bezeugen ihre Verbreitung in Ober- und Unterägypten. Schweine wurden in großen Herden – auch in Tempeln – gehalten und zumindest bis zur Blütezeit des Alten Reichs häufig verzehrt; Ferkel fungierten als Grabbeigaben im Totenkult. Dennoch sind nur wenige Abbildungen oder Erwähnungen in Urkunden aus der damaligen Zeit bekannt. Ein paar Ausnahmen werden in der Fachliteratur regelmäßig zitiert: frühgeschichtliche Schweinefigürchen aus Ton, eine prädynastische Tierplastik aus Merimde Benisalâme (nordwestlich von Kairo, datiert auf das 5. Jahrtausend), die vermutlich ein Hausschwein, vielleicht auch ein Wildschwein zeigt, ein Wandbild aus dem Grab des Kagemni in Sakkara (aus der 6. Dynastie, um 2300), das einen Hirten darstellt, der ei-

EINZUG INS HAUS: DOMESTIKATIONSGESCHICHTE

Schweinehaltung im Alten Ägypten: Wandgemälde aus dem Grab des Ineni, des thebanischen Baumeisters unter Amenophis I. und Thutmosis I. (18. Dynastie); bedrohlich wirkt die Knotenpeitsche.

nem Ferkel vorgekaute Nahrung von Mund zu Mund einflößt. Einem Fürsten von Elkâb (in Oberägypten, achtzig Kilometer südlich von Luxor) wird zu Beginn der 18. Dynastie (um 1550) folgender Viehbestand bescheinigt: 122 Rinder, 100 Schafe, 1200 Ziegen und 1500 Schweine. Hier nehmen Schweine eine Spitzenposition ein, was übrigens auch Knochenfunde aus Elkâb bestätigen, wie Joachim Boessneck in seiner Untersuchung der *Tierwelt des Alten Ägypten* erwähnt. Auf anderen Listen tauchen die Schweine dagegen kaum auf. Und selbst wenn der Oberdomänenvorsteher von Amenophis III. – er regierte von 1388 bis 1351 – dem »Totentempel seines Königs in Memphis 1000 Schweine und 1000 Ferkel stiftete, dann symbolisieren

Opferung eines Jungschweins: Tondo auf einer attischen rotfigurigen Vase (um 510–500 v. Chr.).

diese Zahlen wohl eher die große Menge an sich als exakte Angaben«, so Boessneck. Ein Wandbild aus der 18. Dynastie zeigt auffällig schlanke, hochbeinige Tiere mit langen Schnauzen, aufrecht stehenden Ohren, einem hohen Borstenkamm auf dem Rücken und einem Ringelschwanz.

Die Widersprüche zwischen häufigen Knochenfunden und fehlenden Bild- oder Schriftzeugnissen lassen sich wohl auf das sinkende Ansehen der Schweine zurückführen. Bereits im alten Ägypten hatte sich eine Ambivalenz gegenüber den Schweinen ausgeprägt, die allerdings noch nicht zur rituellen Tabuisierung des Schweinefleisches führte. Von dieser Ambivalenz berichtet Herodot im zweiten Buch seiner *Historien:* »Das Schwein gilt bei den Ägyptern für ein unreines Tier. Wenn jemand im Vorübergehen ein Schwein berührt, geht er sofort an den Strom und taucht in Kleidern unter. Ebenso sind die Sauhirten die einzigen unter allen Ägyptern, die trotz ihrer ägyptischen Abkunft keinen Tempel betreten dürfen. Auch pflegt ihnen niemand seine Tochter zu geben oder die Tochter eines Sauhirten zu heiraten. ... Die Ägypter opfern Schweine keinem Gotte, außer der Selene oder dem Dionysos, und zwar zu gleicher Zeit, nämlich bei Vollmond. Von dem Opfertier wird dann auch gegessen. ... Das Opfer für die Selene geht folgendermaßen vor sich. Nachdem das Schwein geschlachtet ist, legen sie die Schwanzspitze, die Milz und das Netz nebeneinander und bedecken alles mit dem gesamten Bauchfett des Tieres. Dann wird es verbrannt. Das übrige Fleisch wird noch an dem Vollmondtag, an dem das Opferfest stattfindet, verzehrt.«[3] Aus dem von Herodot geschilderten Zusammenhang erklärt sich wohl auch die hohe Schweinedichte in Elkâb. Die Stadt beherbergte das wichtigste Kulturzentrum der ägyptischen Geiergöttin Nekhebet, die später mit der griechischen Mondgöttin Selene identifiziert wurde; und vielleicht hat gerade die häufige rituelle Opferung der Schweine zu ihrer Domestizierung beigetragen.

So sieht die Welt des Hausschweins aus: mit Zaun, Trog und Geflügel.

Das Assoziationsfeld der Wildheit haben die Schweine dennoch nie verlassen. Auch und gerade als Opfertiere wurden sie – ebenso wie das Nilpferd – dem Gott Seth, dem dunklen Bruder und Widersacher des Osiris, zugeordnet. In einer Szene des sogenannten Pfortenbuchs, eines Unterweltbuchs über die Nachtfahrt des Sonnengottes Re (aus der Zeit nach der 18. Dynastie), vertreibt Thot, Herr der Schrift und des Kalenders, dargestellt als Affe mit einem Stock, ein Schwein, das den Gott Seth verkörpert, aus der Himmelsbarke. Seth repräsentierte die Wildnis, die Wüste, den Sturm und das Chaos; zugleich galt er als Schutzgott der Oasen und Herrscher des Südens. Er war

Und so die Welt des Wildschweins: mit Bäumen, Farnen und Pilzen.

ein Sohn der Himmelsgöttin Nut, die gelegentlich als »Muttersau, die ihre Ferkel frisst«, bezeichnet wurde. Diese symbolische Bezeichnung entsprang der faktischen Erfahrung, dass hungernde Säue ihre eigenen Ferkel auffressen, und wurde mit dem Verschwinden der Sterne in der Morgendämmerung assoziiert. Diese Vorstellungen umkreisen nicht nur die Spannung zwischen Wildnis und Zivilisation, die Hans Peter Duerr in seinem Buch *Traumzeit* von 1978 untersucht hat, sondern auch den kosmologisch idealisierten Zyklus von Leben, Tod und Wiedergeburt. Die Schweine besetzen dabei – ebenso wie Seth in der Mythologie – eine ambivalente Position: Sie gehören

Die Hausschweine auf Albrecht Dürers Kupferstich zur biblischen Erzählung vom verlorenen Sohn ähneln noch Wildschweinen.

nicht allein zum Haus, sondern auch zur Wildnis, zu Wald und Sumpf; sie gelten als Symbole der Fruchtbarkeit, aber auch des Todes und der Grenzüberschreitung. Ihre Domestikation bleibt prekär; zu dieser Beobachtung passt der archäozoologische Befund vom »wildschweinähnlichen Habitus« der Hausschweine bis ins Mittelalter, die als Indiz »für eine bis in diese Zeit andauernde Einkreuzung von Wildschweinen in die Schweinebestände angesehen« wird. »Auch im osteologischen Fundmaterial verschiedener Zeiten finden sich tatsächlich Hinweise, die für eine gelegentliche Hybridisierung zwischen Haustier- und Wildtierform sprechen. Weiterhin waren die primitiven Haltungsbedingungen von großem Einfluss auf den Phänotyp und prägten wohl zu einem nicht geringen Teil das wildschweinähnliche Aussehen der Hausschweine«,[4] wie es noch auf Albrecht Dürers Kupferstich vom verlorenen Sohn wahrgenommen werden kann. Mehr als vier Jahrhunderte später warnte auch Alfred Brehm vor einer Überschätzung der erfolgreichen Domestikation der Schweine: »Ihre außerordentliche Vermehrungsfähigkeit und Gleichgültigkeit gegen veränderte Umstände eignen sie in hohem Grade für den Hausstand. Wenige Tiere lassen sich so leicht zähmen, wenige verwildern aber auch so leicht wieder wie sie. Ein junges Wildschwein gewöhnt sich ohne weiteres an die engste Gefangenschaft, an den schmutzigsten Stall, ein in diesem geborenes Hausschwein wird schon nach wenigen Jahren, die es in der Freiheit verlebte, zu einem wilden und bösartigen Tier, das sich kaum von seinen Ahnen unterscheidet.«[5] Wiederkehr des Verdrängten? Zähmung als bloßer Schein?

In gewisser Hinsicht blieb die Domestikation der Schweine

prekär. Ob als Opfertier und Repräsentant von Seth oder als Schlachttier in moderner Massentierhaltung: Schweine begegnen uns als Lebewesen, deren vermutete Neigung zur Verwilderung auch darauf zurückgeführt werden kann, dass sie mehr als alle anderen Tiere nur für ihren Tod gezüchtet werden. Die Schweine brauchten die Wildnis (etwa des Waldes), die Menschen nur ihr Fleisch. Die Frage, die angesichts der Hunde gestellt werden kann – wer ist mit wem ins Haus eingezogen, wer hat wen domestiziert? –, verfehlt die tiefere Asymmetrie zwischen Menschen und Schweinen. Die Schweine sind uns ferner als andere Haustiere; zugleich garantieren sie – als pure Nahrungsreserve – das Überleben in Zeiten der Not und des Hungers. Anders gesagt: In der Allianzbildung zwischen Menschen und Schweinen ging es von vornherein um Leben und Tod. Schweine sind uns nah und fern zugleich.

Speisetabus

Die menschliche Ambivalenz gegenüber Schweinen spiegelt sich auch in Nahrungstabus, die allerdings weder in der altägyptischen Kultur – trotz der sozialen Diskriminierung der Schweinehirten – noch in der griechisch-römischen Antike aufkamen. Warum wurde der Genuss von Schweinefleisch in den monotheistischen Religionen des Judentums und des Islams verboten? Und warum würde heute noch ein relevanter Teil der Weltbevölkerung lieber sterben als mit Schweinefleisch in Berührung zu kommen, wie reale und symbolische Eskalationen in politischen Konflikten zeigen? »1857 weigerten sich die Sepoys, muslimische Soldaten der britischen Armee in Indien, eine neue Munition für Enfield-Gewehre zu benutzen. Angeblich war sie mit Schweinefett eingeschmiert. Das Gerücht stimmte zwar nicht, aber die Meuterei der Sepoys verwandelte sich binnen Wochen in einen echten Krieg zwischen England und Indien. Die Briten brauchten mehr als ein Jahr, um die Rebellion niederzuschlagen; sie verbrannten Dörfer im Norden Zentralindiens und töteten Tausende von unschuldigen Zivilpersonen.«[1] Bis heute wird im Konflikt zwischen Israel und Palästina gelegentlich damit gedroht, die Körper getöteter Attentäter in Schweinehäuten zu bestatten, um ihnen die Hoffnung auf unmittelbaren Eintritt ins Paradies zu verleiden.

Im 3. Buch Mose werden die komplizierten Speisevorschriften und Verbote erläutert: Der erste Abschnitt des 11. Kapitels handelt von den Landtieren, die Regel lautet: »Alle Tiere, die gespaltene Klauen haben, Paarzeher sind und wiederkäuen, dürft ihr essen. Jedoch dürft ihr von den Tieren, die wiederkäuen oder gespaltene Klauen haben, folgende nicht essen: Ihr sollt für unrein halten das Kamel, weil es zwar wiederkäut, aber keine gespaltenen Klauen hat; ihr sollt für unrein halten den Klippdachs, weil er zwar wiederkäut, aber keine gespaltenen Klauen hat; ihr sollt für unrein halten den Hasen, weil er zwar wiederkäut, aber keine gespaltenen Klauen hat; ihr sollt für unrein halten das Wildschwein, weil es zwar gespaltene Klauen hat und Paarzeher ist, aber nicht wiederkäut. Ihr dürft von ihrem Fleisch nicht essen und ihr Aas nicht berühren; ihr sollt sie für unrein halten« (Lev 11, 3–8). Die Kriterien des Gesetzes gelten also nicht nur für Schweine, sondern auch für Kamele, Dachse und Hasen; aber das Schwein besetzt als einziger Paarzeher mit gespaltenen Klauen, der nicht wiederkäut, eine singuläre Position. Zwar betreffen die Speisegesetze, die in den folgenden Abschnitten erläutert werden, auch Wassertiere, Vögel, geflügelte Insekten und Kriechtiere (wie Maulwürfe, Mäuse oder Eidechsen); aber lediglich das Verbot, Paarzeher zu berühren oder zu essen, die nicht wiederkäuen, wird noch einmal wiederholt (Lev 11, 26). Der Koran kennt dagegen keine ausgefeilten, systematisierten Speiseregeln, nur das Schweineverbot verbindet ihn mit dem mosaischen Gesetz. In der 2. Sure heißt es: »Verboten hat Er euch nur (den Genuss von) natürlich Verendetem, Blut, Schweinefleisch und dem, worüber etwas anderes als Allah angerufen worden ist. Wenn aber jemand (dazu) gezwungen ist, ohne (es) zu begehren und ohne das Maß zu überschreiten, so trifft ihn keine Schuld; wahrlich, Allah ist allverzeihend, barmherzig« (2,173). Auch der Koran wiederholt dieses Verbot, und zwar in der 5. Sure: »Verboten ist euch (der Genuss von) Verendetem, Blut, Schweinefleisch und dem, worüber ein anderer (Name) als Allah(s) angerufen worden ist, und (der Genuss von) Ersticktem, Erschlagenem, zu Tode Gestürztem oder Gestoßenem, und was von einem wilden Tier gerissen worden ist – außer dem, was ihr schlachtet – und (verboten ist euch,) was auf einem Opferstein geschlachtet worden ist« (5,3). In der 6. Sure wird als Begründung für das Schweinefleischverbot angegeben, dass es »tatsächlich schmutzig ist« (6,145).

Mit dem Schmutzargument betreten wir den Boden rationaler Begründungsversuche. So behauptet im 12. Jahrhundert Moses Maimonides – jüdischer Philosoph, Rechtsgelehrter und Leibarzt des muslimischen Sultans Saladin in Ägypten – zwar, »alle Speisen, die uns das Gesetz verbietet, sind schädliche Nahrungsmittel, und es gibt unter allem uns Verbotenem nichts, worüber man in Zweifel sein könnte, ob es uns schädlich ist, ausgenommen das Schwein«, doch fährt er unmittelbar fort, das Gesetz verabscheue das Schwein hauptsächlich »wegen seiner großen Unreinlichkeit und weil es sich von abscheulichen Dingen nährt. Du weißt ja, wie streng das Gesetz darauf achtet, daß sogar im freien Gefilde und in einem Feldlager kein Schmutz sichtbar sei und um so weniger im Inneren einer Stadt. Wäre aber der Genuß des Schweinefleisches gestattet, dann wären die Straßen samt den Häusern noch unreiner als ein Anstandsort, wie man jetzt in den Ländern der Franken sehen kann. Du kennst ja auch den Ausspruch unserer Lehrer: ›Das Maul eines Schweins gleicht überlaufendem Unrat‹.«[2]

Drei Schweinchen liegen vor ihrer Hütte. Ein Wolf ist nicht in Sicht auf dieser Druckgrafik von Karel Dujardin (1622–1678).

Kurzum: Schweine sind unhygienische Kotfresser, und darum sei ihr Verzehr nicht erlaubt. Natürlich kann diese Behauptung leicht widerlegt werden: Auch andere Tiere – Ziegen, Hühner oder Hunde – fressen im Notfall Exkremente. Respektabel bleibt dennoch die detaillierte Bemühung des Arztes Maimonides, die Geltung der mosaischen Speisegesetze aus ihrer medizinischen Nützlichkeit abzuleiten. Glaube und Wissen sollten – im Geiste der aristotelischen Philosophie – versöhnt werden.

Medizinische Begründungen für das Schweinefleischverbot erhielten um 1859 neuen Auftrieb, als ein Zusammenhang zwischen der Trichinose und dem Konsum unzureichend gegarten Schweinefleischs entdeckt wurde. Dagegen lässt sich allerdings einwenden, dass den Israeliten und Muslimen dieser Zusammenhang kaum bekannt gewesen sein dürfte, abgesehen davon, dass auch die meisten anderen Fleischarten gesundheitliche Risiken bergen: »Zu wenig gekochtes Rindfleisch zum Beispiel versorgt die Menschen reichlich mit Bandwürmern, die eine Länge von fünf bis sechs Metern im menschlichen Darmtrakt erreichen, eine schwere Form von Anämie hervorrufen und zu einer Schwächung des Körpers gegenüber anderen Krankheiten führen können. Rind, Ziege und Schaf übertragen eine bakterielle Erkrankung namens Brucellose, deren Symptome u. a. Fieber, ein Gefühl der Zerschlagenheit, Schmerzen und Mattigkeit sind. Die gefährlichste der von Rindern, Schafen und Ziegen übertragenen Krankheiten ist der Milzbrand, eine vor der Einführung von Pasteurs Milzbrandimpfstoff im Jahr 1881 unter Tieren und Menschen in Europa und Asien ziemlich verbreitete Krankheit. Anders als die Trichinose, die bei der Mehrzahl der befallenen Personen zu keinen Symptomen führt und nur selten tödlich endet, nimmt der Milzbrand einen rasanten Krankheitsverlauf, der mit einem Furunkelausbruch anfängt und mit dem Tod endet. Falls das Schweinefleischtabu eine von Gott eingegebene Gesundheitsvorschrift war, so handelt es sich dabei um den ersten überlieferten Fall von ärztlicher Fehlbehandlung.«[3]

Der Anthropologe Marvin Harris, dessen Einwand gegen die Trichinose-These – mit der Pointe, Gott hätte dann nicht das Schweinefleisch, sondern nur das halbgegarte Fleisch verbieten müssen – eben zitiert wurde, hat zwei eigene Theorien zur Frage des Schweinefleischverbots entwickelt: eine sozialökonomische und eine ökologische. Die sozialökonomische Hypothese besagt: Schweine sind keine geeigneten Tiere für Wüstennomaden, sondern entsprechen – wie in der römischen Agrarwirtschaft oder in den frühneuzeitlichen Städten – der Lebensweise sesshafter Bevölkerungen. »Anders als die Vorfahren von Rind, Schaf und Ziege, die in heißem, trockenem, sonnigem Steppenland lebten, bevölkerten die Vorfahren der Schweine wasserreiche, schattige Waldtäler und Flußsenken. Das Wärmeregulierungssystem des Schweinekörpers ist durch und durch ungeeignet für ein Leben in den heißen, sonnengedörrten Gegenden, in denen die Kinder Abrahams beheimatet waren. ... In der Trockenzone gibt es keine Hirtenvölker mit Schweineherden, aus dem einfachen Grund, weil es schwer ist, beim Wechsel von einem Lager zum anderen die Tiere vor den Einwirkungen der Hitze, der Sonne und des Wassermangels zu schützen.«[4] Warum wurde aber dann auch der Verzehr von Kamelen verboten? Vielleicht waren diese Tiere schlicht zu wertvoll: »Mit ihren bemerkenswerten Fähigkeiten, Wasser zu speichern, Hitze zu ertragen und schwere Lasten über große Entfernungen zu tragen, wie auch mit ihren langen Augenwimpern und Nüstern, die sie zum Schutz gegen Sandstürme fest verschließen können, waren Kamele der wichtigste Besitz der Wüstennomaden des Vorderen Orients.«[5]

Ergänzt werden diese Überlegungen durch eine ökologische

Ein Wildschwein (aus dem Jahr 1840), offenbar auf dem Weg zur Suhle.

Analyse, die Harris unter Berufung auf den Ethnologen Carleton S. Coon skizziert. Erschwert wurde die Schweinehaltung im Nahen und Mittleren Osten demnach durch Klimawandel, Abholzung der Wälder und Bodenerosion. »Zu Anfang des Neolithikums konnten die Schweine noch in Eichen- und Buchenwäldern nach Wurzeln graben, wo sie reichlich Schatten und Suhlen fanden, nebst Eicheln, Bucheckern, Trüffeln und anderen Erzeugnissen des Waldbodens. Mit wachsender menschlicher Bevölkerungsdichte dehnten sich die Ackerbauflächen aus, und die Eichen- und Buchenwälder wurden abgeholzt, um Kulturpflanzen, insbesondere Olivenbäumen Platz zu machen, womit die ökologische Nische des Schweins zerstört wurde.«[6] Seit etwa siebentausend Jahren haben sich die Waldflächen in Anatolien von etwa 70 % auf 13 % verringert; die Küsten- und

Bergwälder am Kaspischen Meer sind auf ein Viertel ihrer ehemaligen Ausdehnung geschrumpft, die Eichen- und Wacholderwälder des Zāgros-Gebirges auf ein Sechstel. Nur mehr in begünstigten Randzonen – oder unter Einsatz erheblicher Mittel – konnte die Schweinezucht fortgeführt werden; dass sie nicht ganz verschwand, ergibt sich aus der Aufrechterhaltung ihres Verbots: Was nicht praktiziert wird, muss ja auch nicht verboten werden.

Erwähnenswert bleibt schließlich eine letzte Theorie, die Christopher Hitchens vor einigen Jahren ins Spiel gebracht hat: Sie bezieht sich nicht auf einen ökonomischen oder ökologischen, sondern einen kulturellen Wandel, nämlich die allmähliche Abwendung von Opferpraktiken, wie sie vor allem in den prophetischen Büchern – als Kritik an Kinderopfern für Baal – sichtbar wird. So wetterte etwa Jeremias gegen die Errichtung der Kultstätte des »Tofet im Tal Ben-Hinnom«, wo Kinderopfer dargebracht wurden, »was ich nie befohlen habe und was mir niemals in den Sinn gekommen ist« (Jer 7,31). Und Hosea konstatierte: »Liebe will ich, nicht Schlachtopfer, Gotteserkenntnis statt Brandopfer« (Hos 6,6). In demselben Buch Leviticus, in dem die zitierten Speiseverbote angeführt werden, findet sich auch der Satz: »Von deinen Nachkommen darfst du keinen für Moloch darbringen« (Lev 18,21).

Christopher Hitchens erinnerte nun daran, dass Schweinefleisch so ähnlich schmecken soll wie Menschenfleisch, und er vermutete, dass mit dem Schweinefleischverbot die Menschenopfer bekämpft und sanktioniert werden sollten: »Kinder, die nicht von Rabbis und Imamen negativ beeinflusst wurden, fühlen sich zu Schweinen hingezogen, vor allem zu Ferkeln, und Feuerwehrleute essen für gewöhnlich nicht gerne Schweine- oder Krustenbraten. In der Landessprache Neuguineas und andernorts war der barbarische Ausdruck für gegrilltes Menschenfleisch ›langes Schwein‹: Ich selbst habe dieses Geschmackserlebnis nie gehabt, doch offenbar schmecken wir, als Gericht, ganz ähnlich wie Schweine. ... Dass der Mensch sich zum Schwein hingezogen und von ihm abgestoßen fühlte, hatte einen anthropomorphen Ursprung: Das Aussehen des Schweins, der Geschmack des Schweins, die Todesschreie des Schweins und die offensichtliche Intelligenz des Schweins erinnerten allzu unangenehm an den Menschen. Die Porcophobie – und die Porcophilie – hat demnach wahrscheinlich ihren Ursprung in der düsteren Zeit der Menschenopfer und sogar des Kannibalismus, auf den ›heilige‹ Texte verschiedentlich recht deutlich hinweisen.«[7] Die Passage bezeugt die Macht und Unheimlichkeit eines Tabus, das mit religiösen Opfern – und der Kritik an diesen Opfern – assoziiert werden kann. Das Schwein ist das Opferlamm. Oder doch der Mensch? In Sylvain Estibals Film *Das Schwein von Gaza* (von 2011) wird ein aus dem Meer geborgenes Schwein als Schaf verkleidet, daneben erzählt die schwarze Komödie, wie der palästinensische Fischer Jafaar beinahe selbst geopfert und zum Selbstmordanschlag gezwungen wird. Im Schafspelz verbirgt sich ein Schwein, hinter dem Schwein – ein Mensch.

Das Hausschwein in einer Ansicht von 1846; ein Baumstumpf vertritt den Wald.

Schweine in der Antike

An Herodots Darstellung der ägyptischen Praktiken des Schweineopfers lässt sich ablesen: Sie kamen ihm seltsam vor. Das Heirats- und Tempelverbot für Schweinehirten, ihr niedriger sozialer Status trotz ägyptischer Herkunft, bildete einen scharfen Kontrast zur Schilderung des »göttlichen« Sauhirten Eumaios im vierzehnten Gesang der Odyssee. Denn der Schweinestall war ja die erste Adresse, die Odysseus nach seiner Landung in Ithaka aufsuchte: »wo ihm Athene den göttlichen Sauhirten gewiesen hatte«. Der »hohe Hof«, den Eumaios »mit herangeschleppten Steinen« für seine Tiere errichtet hatte, wird ausführlich beschrieben: Er »hatte ihn oben mit wildem Birnbaum eingefaßt, und außen durchgehend Pfähle gezogen, hüben und drüben, dicht und gedrängt, nachdem er rings das Schwarze von der Eiche abgespalten. Drinnen aber im Hof hatte er zwölf Schweinekofen gemacht, nahe beieinander, als Lagerstätten für die Schweine, und in jedem waren fünfzig Schweine, sich am Boden sielende, eingeschlossen, weibliche, die geboren hatten. Die männlichen ruhten draußen, viel weniger, denn diese verminderten ständig die gottgleichen Freier, indem sie davon aßen. Denn dorthin sandte der Sauhirt von allen wohlgenährten Mastebern immer den besten, und sie waren dreihundertsechzig. Und es ruhten bei ihnen ständig Hunde, wilden Tieren ähnlich, vier, die der Sauhirt aufgezogen hatte«.[1] Die Zahlen sind nicht weniger bedeutsam als die gierigen Freier, die um Penelope warben: zwölf mal fünfzig Mutterschweine mit ihren Ferkeln und dreihundertsechzig Eber. Zwölf entspricht der Zahl der Monate im Sonnenjahr, 360 ist die Bogenzahl des Kreises, die heilige Ordnungszahl des altorientalischen Hexagesimalsystems, der Astronomie und der frühen Kalenderrechnung. Spiegelt sich darin eine kosmische Schweinesymbolik, vergleichbar mit der altägyptischen Charakterisierung der Himmelsgöttin Nut als Muttersau?

Eumaios bewirtet den Gast, den er nicht erkennt, weil Odysseus sich – mithilfe Athenes – in einen Bettler verwandelt hat. Der Sauhirt »schloß schnell den Rock mit dem Gurt zusammen, schritt hin und ging zu den Kofen, wo die Völker der Ferkel eingeschlossen waren, nahm zwei dort fort, trug sie herbei und schlachtete und sengte und zerhieb sie beide und steckte sie an Bratspieße. Und als er alles gebraten hatte, trug er es herbei und setzte es dem Odysseus vor, noch heiß, mitsamt den Spießen, und streute weißes Gerstenmehl darüber und mischte honigsüßen Wein in einem Holznapf und setzte sich ihm selber gegenüber und forderte ihn auf und sagte zu ihm: ›Iß, Fremder, jetzt, was für die Knechte da ist: Gebratenes vom Ferkel – die fetten Schweine essen ja die Freier, die an keine göttliche Heimsuchung in ihrem Sinne und an kein Erbarmen denken.‹«[2] Eumaios, der Sklave mit aristokratischer Abstammung – er war der Sohn des Königs Ktesios von Syria –, wird mehrfach als »Freund« angesprochen; zum Abendessen schlachtet er Odysseus außerdem einen fünfjährigen Eber, kurz nachdem die Tiere in ihre Kofen getrieben wurden.

Die damaligen Praktiken der Schweinehaltung lassen sich aus dieser Schilderung klar erschließen: Tagsüber – mithilfe von Hirten und Hunden – auf die bewaldeten Weiden getrieben, wurden die Tiere während der Nacht in ihre Freilandgehege eingesperrt. Von der Schweinezucht schrieb Aristoteles in seiner *Tierkunde:* »Das Schwein frißt am liebsten Wurzeln, ist doch auch seine Schnauze am besten eingerichtet zu einer derartigen Arbeit, und es nimmt überhaupt mit allerlei Nahrung vorlieb und wird am schnellsten dick und groß: man bekommt es in sechzig Tagen fett. Um die Zunahme ermessen zu können, wiegen die Züchter es vor der Mast, und sie lassen es auch vor Beginn drei Tage hungern. ... Besonders aber hilft bei Schweinen und andern Tieren mit warmem Leib das Stillliegen. Bei Schweinen hilft auch das Baden im Dreck. Sie wollen auch ihrem Alter entsprechend gefüttert sein. Ein Schwein nimmt es auch mit dem Wolfe auf.«[3] – Die drei kleinen Schweinchen, die mit dem bösen Wolf kämpfen, haben also bereits antike Vorfahren.

Genauere und ausführlichere Darstellungen der Schweinehaltung finden sich in der römischen Fachliteratur zur Landwirtschaft. So charakterisiert der römische Patrizier Lucius Iunius Moderatus Columella (aus der frühen römischen Kaiserzeit) im siebenten Buch seines umfangreichen Werks *De re rustica* die Idealgestalt eines Schweins: Für die Zucht bevorzugt werden Eber »von großer Mächtigkeit des Gesamtkörpers, doch mehr von vierkantiger als langgestreckter oder rundlicher Gestalt, mit hervortretendem Bauch, großen Hinterbacken und folglich nicht sehr hohen Beinen und Zehen, mit kräftigem und muskulösem Nacken und kurzem, zurückgestülptem Rüssel. ... Die Säue wählt man mit möglichst langgestrecktem Körperbau, doch im übrigen ähnlich den geschilderten Ebern. Ist die

Gegend kalt und regnerisch, dann wählt man eine Herde mit möglichst hartem, dichtem und dunklem Borstenwuchs; ist sie mild und sonnig, kann man auch borstenlose und schneeweiße Mühlenschweine weiden lassen.«[4] Die hellen Mühlenschweine wurden mit der Kleie, die beim Mahlen abfiel, gefüttert. Schweine, betont Columella, können in verschiedenen Gegenden gehalten werden; am »geeignetsten sind Wälder mit Beständen von Eichen, Korkeichen, Buchen, Zirneichen, Steineichen, Oleasterbäumen, Tamarisken, wilden Haselnußstauden und wilden Obstbäumen, wie Weißdorn, Johannisbrot, Wacholder, Judendorn, wilder Wein, Kornelkirschbäume, Erdbeerbäume, Pflaumenbäume und Wildbirnbäume. Deren Früchte reifen nämlich zu unterschiedlichen Zeiten und ernähren die Herde fast das ganze Jahr hindurch. Wo jedoch Bäume mangeln, wird man das Futter von der Erde nehmen und dabei einen feuchten Boden dem trockenen vorziehen, damit die Schweine im Morast wühlen, Regenwürmer ausgraben und im Schlamm suhlen können, was diese Tiere ungemein lieben.«[5]

Auch die Einrichtung der Ställe wird mit großer Genauigkeit beschrieben, denn die Herden dürfen – wie im Hof von Ithaka – nicht zusammen eingesperrt werden. »Vielmehr sind durch Zwischenwände Einzelkoben zu bilden, in welche die Schweine, die eben geferkelt haben oder die trächtigen, eingeschlossen werden. Denn gerade die Schweine legen sich, wenn sie gemeinsam eingeschlossen sind, in Haufen und ohne jede Ordnung quer übereinander und beschädigen ihre Leibesfrucht. Es sind also, wie gesagt, Wand an Wand Koben anzulegen, vier Fuß hoch, damit das Schwein die Begrenzungswände nicht überspringen kann; denn die Koben dürfen nicht abgedeckt

*Hausschwein und Wildschwein, in einer Gegenüberstellung von
Ulisse Aldrovandi (1522–1605).*

Ein nachdenkliches Mädchen beobachtet die milchtrinkenden Ferkel. Der Kupferstich stammt von Richard Earlom (1743–1822).

werden, damit der Wärter die Zahl der Ferkel prüfen und, falls die Muttersau beim Niederlegen eines erdrückt hat, es unter ihr hervorziehen kann. Er muß wachsam, unermüdlich, eifrig und geschickt sein; alle Muttertiere und Ferkel, die er versorgt, muß er kennen und die Wurfzeit jeder Sau im Kopf haben.«[6] Der Schweinehirt ist zuständig für die genealogische Ordnung im Stall; er muss beispielsweise verhindern, dass Ferkel bei einer fremden Muttersau ihren Hunger stillen. »Denn wenn die Ferkelchen aus dem Koben laufen, geraten sie sehr leicht durcheinander, und wenn sich die Alte niedergelegt hat, gibt sie die Zitzen fremden und eigenen Jungen ohne Unterschied. Deswegen ist die wichtigste Aufgabe des Schweineknechts, jedes Mutterschwein für sich mit seinen Ferkeln eingeschlossen zu halten.«[7] Und wenn das Gedächtnis der Hirten nicht ausreiche, so empfahl Columella, sollten sie die Abstammungsbeziehungen der Tiere mit Pechzeichen auf deren Rücken markieren.

Spätestens seit der Kaiserzeit gehörten Schweine im Römischen Reich zu jedem landwirtschaftlichen Gut; Fleisch, Schinken und Würste waren sehr beliebt, was zunehmend ein kulturelles Echo fand. Auf manchen Münzen wurden Eber abgebildet; der Schriftsteller Petronius, ein Zeitgenosse Columellas, der am Hofe Neros lebte, verfasste das Testament eines Schweins vor seiner Schlachtung: »Danach soll man ihm einen Grabstein errichten, seinen Körper gut behandeln und richtig salzen; sein Gekröse sollen die Wurstmacher haben, seine Lenden die Frauen, seine Blase die Knaben, seinen Schwanz die jungen Mädchen«.[8] Sogar ein Grabstein wurde gefunden, der neben der Abbildung eines Schweins folgende Inschrift trug: »PORCELLA HIC DORMIT IN P. QVINXIT ANN. III. M. X. D. XIII (Hier schläft in Frieden ein Schweinchen. Es lebte 3 Jahre, 10 Monate und 13 Tage).«[9] Die Wurzeln der römischen Sympathie mit den Schweinen lassen sich bis zur Gründungssage der Ewigen Stadt zurückverfolgen, wie sie etwa der griechische Philosoph Plutarch aus Chaironeia, ein entschiedener Gegner des Fleischkonsums und Anhänger des Vegetarismus, erzählte. Denn in dieser Sage spielt nicht nur eine Wölfin, sondern auch ein Schweinehirt eine wichtige Rolle. Die Geschichte beginnt bekanntlich mit der Aussetzung der Zwillinge Romulus und Remus im hochwasserführenden Tiber. Der Korb mit den Kindern stranden unter einem wilden Feigenbaum. »Zu den hier liegenden Kindern kam nun«, erzählt Plutarch, »eine Wölfin, um sie zu säugen; auch fand sich ein Specht ein, der ihnen Nahrung brachte und sie beschützte«. Gefunden habe die Neugeborenen aber ein Schweinehirt namens Faustulus, der sie seiner Frau als Amme anvertraute. Nach anderen Quellen, ergänzt Plutarch, habe der Name dieser Frau »durch seinen Doppelsinn zur Erdichtung der Fabel Anlaß gegeben. Denn bei den Lateinern bedeutet Lupa sowohl eine Wölfin als eine Hure, und eine solche soll Akka Larentia, die Frau des Faustulus, der die Kinder erzogen hat, gewesen sein. Die Römer feiern noch ihr zu Ehren ein Fest, und der Priester des Mars bringt ihr im Aprilmonat Totenopfer. Das Fest heißt Larentia.«[10] Daraus haben andere Autoren eine Brücke zu den Laren, den Ahnengeistern, zu schlagen versucht. Interessanter als die verschiedenen Varianten und Details der römischen Gründungssage ist aber erneut – nach dem Hinweis des Aristoteles – das besondere Verhältnis zwischen Wölfen und Schweinen, das im Hintergrund sichtbar wird.

Lupa oder porca? Haben die Ferkel- und Schweineopfer womöglich die Praxis des Kinderopfers – durch Aussetzung in Wald oder Wasser, wie in den Sagen von Moses, Ödipus, Romulus und Remus – abgelöst, was ja auch Christopher Hitchens mutmaßte? Die Frage nach dem Opfer der Nachkommen führt auf einigen Umwegen zum Mythos der Baubo. Erinnern wir uns: Die Göttin der Fruchtbarkeit, der Jahreszeiten und Vegetationszyklen hieß bei den Griechen Demeter (und bei den Römern Ceres); sie war eine Tochter von Kronos und Rhea, und somit die Schwester von Hestia, Hera, Poseidon, Zeus

Baubo reitet auf dem Schwein und präsentiert ihr Geschlecht: Süditalienische Votivfigur.

und Hades. Mit Zeus hatte sie eine Tochter: Persephone (oder Kore, die Tochter), in der römischen Mythologie Proserpina. Als der Totengott Hades nach einer Frau suchte, verliebte er sich in Persephone und entführte sie – unter Duldung durch seinen Bruder Zeus – in die Unterwelt. Demeter aber war so verzweifelt über den Verlust ihrer Tochter, dass nichts mehr blühen, keimen und wachsen konnte; die Menschen starben. Seither darf Persephone regelmäßig wiederkehren und zumindest einen Teil des Jahres bei ihrer Mutter verbringen; danach muss sie zurück in die Unterwelt und mit Hades über die Toten herrschen. Während der Trauerzeit Demeters soll es einzig ihrer Amme Baubo (oder Iambe), einer Bewohnerin von Eleusis, gelungen sein, sie zu erheitern: Als die Göttin selbst den Trost eines Mischtranks aus Wein und Getreide ablehnte, entblößte sich Baubo und zeigte ihr das (offenbar rasierte) Geschlecht. Da lachte die Göttin und trank den Wein. Während der attischen Thesmophorien, einem Frauenfest zur Zeit der Winteraussaat, bei dem Männer strikt ausgeschlossen waren, spielten Ferkel – gleichsam als Repräsentanten von Kore – eine wichtige Rolle. »Aus unterirdischen Grotten, Megara genannt, holten eigens dafür ausersehene Frauen die Reste von Ferkeln herauf, die an einem bestimmten Tag etwa drei Monate vorher lebendig in die Grotten geworfen worden waren. Die verwesten Ferkel wurden auf den Altären der Thesmophoroi, wie Demeter und Kore als Herrinnen des Festes hießen, mit anderen Opfergaben vermischt und dann der neuen Saat beigemengt.«[11] Das Ferkelopfer erinnerte auch an die Sage von einem gewissen Eubolos, dessen Schweine beim Raub der Persephone in einer Erdspalte versunken sein sollen. »Die Symbolik, daß hier Persephone durch Schweine ersetzt wurde bzw. durch das Opfer der Schweine Persephone, wenn auch nur für kurze Zeit, gewonnen, bedarf keiner weiteren Interpretation«,[12] ebenso wenig wie umgekehrt der kretische Brauch, kein Schweinefleisch zu essen, und zwar »aus Dankbarkeit gegen dieses Tier, weil das Quieken eines Schweins das Weinen des Zeus übertönt und so diesen als Säugling vor dem Zugriff seines Vaters Kronos gerettet hatte«.[13] Bekanntlich hatte ja Kronos alle seine Kinder nach der Geburt verschluckt – mit Ausnahme des Zeus, den Rhea rechtzeitig durch einen Stein ersetzt hatte.

In anderen Quellen heißt es, Demeter habe auf der Suche nach Persephone nur Spuren von Schweinefüßen gefunden, manchmal wurde die Göttin oder ihre entführte Tochter selbst als Schwein dargestellt. Im Schwein verkörpert sich die Hoffnung auf Fruchtbarkeit und Vermehrung; darauf zielte wohl auch die Geste der Baubo, die Demeter zum Lachen brachte, indem sie ihren Schoß, gleichsam *L'Origine du monde* (nach Gustave Courbets berühmtem Gemälde von 1866), vorzeigte. Abbildungen der Baubo zeigen sie häufig reitend auf einem Schwein; so hat sie ja noch Goethe in der Walpurgisnacht der *Faust*-Tragödie portraitiert: »Die alte Baubo kommt allein; sie reitet auf einem Mutterschwein. So Ehre denn, wem Ehre gebührt! Frau Baubo vor! Und angeführt! Ein tüchtig Schwein und Mutter drauf, da folgt der ganze Hexenhauf.« Eine süditalienische Votivfigur der Baubo kann durchaus – im Sinne Horst Kurnitzkys – zur Urgeschichte des Sparschweins, der Assoziation von Geld und Weiblichkeit, gerechnet werden: Baubos Vulva scheint geradezu den späteren Münzschlitz des Sparschweins vorwegzunehmen:[14] Das Versprechen der Fruchtbarkeit und Vermehrung verbindet sich mit dem Schutz vor Hunger und Tod.

Die Dampflokomotive – Symbol des industriellen Fortschritts schlechthin – versetzt die Wildschweinherde in Panik: Sie flieht nicht nur vor dem

Lichtkegel und den Dampfwolken, sondern auch vor dem infernalischen Lärm; Druckgrafik nach Joseph Emile Gridel (1839–1901).

Die Schweine des Antonius

Wo in den christlichen Evangelien – selten genug – von Schweinen die Rede ist, da werden sie negativ konnotiert, ganz im Sinne des Nahrungsverbots im Buch Leviticus. Zur Redensart ist der Spruch aus der Bergpredigt geworden: »Gebt das Heilige nicht den Hunden, und werft eure Perlen nicht den Schweinen vor, denn sie könnten sie mit ihren Füßen zertreten und sich umwenden und euch zerreißen« (Mt 7, 6). Signifikanter ist jedoch die Geschichte von der Dämonenaustreibung in Gerasa, die in den drei synoptischen Evangelien berichtet wird: »Sie kamen an das andere Ufer des Sees, in das Gebiet von Gerasa. Als er aus dem Boot stieg, lief ihm ein Mann entgegen, der von einem unreinen Geist besessen war. Er kam von den Grabhöhlen, in denen er lebte. Man konnte ihn nicht bändigen, nicht einmal mit Fesseln. Schon oft hatte man ihn an Händen und Füßen gefesselt, aber er hatte die Ketten gesprengt und die Fesseln zerrissen; niemand konnte ihn bezwingen. Bei Tag und Nacht schrie er unaufhörlich in den Grabhöhlen und auf den Bergen und schlug sich mit Steinen. Als er Jesus von weitem sah, lief er zu ihm hin, warf sich vor ihm nieder und schrie laut: Was habe ich mit dir zu tun, Jesus, Sohn des höchsten Gottes? Ich beschwöre dich bei Gott, quäle mich nicht! Jesus hatte nämlich zu ihm gesagt: Verlaß diesen Mann, du unreiner Geist! Jesus fragte ihn: Wie heißt du? Er antwortete: Mein Name ist Legion; denn wir sind viele. Und er flehte Jesus an, sie nicht aus dieser Gegend zu verbannen. Nun weidete dort an einem Berghang gerade eine große Schweineherde. Da baten ihn die Dämonen: Laß uns doch in die Schweine hineinfahren! Jesus erlaubte es ihnen. Darauf verließen die unreinen Geister den Menschen und fuhren in die Schweine, und die Herde stürzte sich den Abhang hinab in den See. Es waren etwa zweitausend Tiere, und alle ertranken. Die Hirten flohen und erzählten alles in der Stadt und in den Dörfern. Darauf eilten die Leute herbei, um zu sehen, was geschehen war. Sie kamen zu Jesus und sahen bei ihm den Mann, der von der Legion Dämonen besessen gewesen war. Er saß ordentlich gekleidet da und war wieder bei Verstand. Da fürchteten sie sich. Die, die alles gesehen hatten, berichteten ihnen, was mit dem Besessenen und mit den Schweinen geschehen war. Darauf baten die Leute Jesus, ihr Gebiet zu verlassen« (Mk 5, 1–17). Die Geschichte verdient eine ausführliche Zitation, denn sie weist eine Reihe von seltsamen Eigenheiten auf. So wird die Besessenheit übereinstimmend mit Grabhöhlen assoziiert, die an die berühmte Felsnekropole der Nabatäer von Petra erinnern, und tatsächlich lag Gerasa in Jordanien, nördlich von Amman (und nicht am Ufer des Sees Genezareth, wie die Evangelisten irrtümlich annahmen). Dämonen, die mit Gräbern in Verbindung gebracht werden können, sind aber vermutlich keine Teufel, sondern schlicht Totengeister. So hielten etwa die Römer »Verrücktheit für ein Werk der larvae, der Totengeister. Von einem Besessenen sagte man, daß er larvarum plenus sei, daß ihn larvae stimulant, oder man nannte ihn einfach rundweg larvatus.«[1] Hat sich darum der Besessene mit Steinen geschlagen? Hat er einfach das mosaische Gebot gegen sich selbst zu vollstrecken versucht?

SCHWEINE

Im Buch Leviticus heißt es nämlich: »Männer oder Frauen, in denen ein Toten- oder ein Wahrsagegeist ist, sollen mit dem Tod bestraft werden. Man soll sie steinigen, ihr Blut soll auf sie kommen« (Lev 20,27). Für diese Deutung spricht auch, dass der Sprecher der Dämonen Jesus »bei Gott« beschwört und dass die Geister auf keinen Fall »verbannt« – von ihren Gräbern getrennt – werden wollen. Relevant ist darüber hinaus auch ihr Name: »Legion«. Wer würde an dieser Stelle nicht sofort an die römische Besatzungsmacht denken? Sie verleiht der Rede von der Besessenheit auch einen sozialhistorischen Sinn, einschließlich der – in dieser Hinsicht konsequenten – Ausweisung Jesu, dessen Wirken ja auch die römischen Besatzer störte. Übrig bleiben die Schweine: Sie repräsentieren ein System der Unreinheit, das auch und gerade die Toten einschließt. Den Schweinen wurde nachgesagt, dass sie sich von Aas, ja sogar von menschlichen Leichen ernährten, insofern ist es naheliegend, dass die unreinen Totengeister in die unreinen Tiere fahren, um sich danach im See zu ertränken.

Aber die Geschichte ist noch nicht zu Ende, und ihre Fortsetzung kommt geradezu einer Umkehrung gleich. Um das Jahr 270 verließ der junge Bauernsohn Antonius aus Kome in Mittelägypten, kurz nach dem Tod seiner Eltern, seinen Heimatort und zog in die Wüste. In der Kirche hatte er das Wort aus dem Matthäusevangelium vernommen: »Wenn du vollkommen sein willst, geh, verkauf deinen Besitz, und gib das Geld den Armen; so wirst du einen bleibenden Schatz im Himmel haben; dann komm und folge mir nach« (Mt 19,21). Als Einsiedler nahm Antonius seinen Wohnsitz in einer alten ägyptischen Grabkammer, führte ein streng asketisches Leben – und rang mit den

Dämonen. Später zog er in ein verlassenes Kastell am Rand der Wüste, wo er im Jahr 356 gestorben sein soll. Seine Lebensgeschichte wurde um 360 von Athanasius, dem Bischof von Alexandria, aufgezeichnet. Die im Jahr 373 von Euagrios aus Antiochia ins Lateinische übersetzte *Vita Antonii* zählte bald zu den einflussreichsten Büchern des frühen Christentums, und die Erzählung von den Versuchungen des Antonius avancierte zu einem gern und häufig gestalteten Bildmotiv. Antonius soll der Gründer der ersten Klöster – als losen Allianzen zwischen getrennt lebenden Eremiten – gewesen sein; ein Orden, der sich auf seinen Namen berief, wurde allerdings erst um 1095 als Laienbruderschaft in Südfrankreich eingerichtet und kurz danach von Papst Urban II. anerkannt. Dieser Orden betätigte sich in der Krankenpflege, insbesondere bei der Bekämpfung des sogenannten Antonius-Feuers, einer verbreiteten Vergiftung durch Mutterkorn im Getreide. Zu den Privilegien des Ordens gehörte die Erlaubnis, Schweineherden – die ›Antonius-Schweine‹ mit Glöckchen – im Umkreis der Spitäler frei und auf Kosten der Kommune herumlaufen zu lassen. Antonius war der ›Schweine-Heilige‹, und er wurde häufig mit einem Schwein, dem Tau des Antonius-Kreuzes und einer Glocke abgebildet.

Umwertung der Schweine: Sie ergibt sich beinahe zwangsläufig aus der Verkehrung der Erzählung von der Dämonenaustreibung in Gerasa: Antonius begibt sich freiwillig in die Grabkammer, kämpft erfolgreich mit den Dämonen, die nun nicht mehr in eine Schweineherde ausgetrieben werden müssen – und adoptiert folgerichtig die »unreinen« Tiere. Die narrative Revision könnte leicht durch weitere Details ergänzt

Der heilige Antonius in seiner Baumklause: Neben ihm liegt das Schwein, vor ihm tanzen die Dämonen (Gemälde von Hieronymus Bosch, zwischen 1500 und 1525).

werden; interessant ist etwa der Zusammenhang mit dem ›Antonius-Feuer‹, das durch Mutterkornvergiftung ausgelöst wurde. Nach den ethnobotanisch-philologischen Studien von Robert Gordon Wasson, Albert Hofmann und Carl A. P. Ruck könnten es nämlich Mutterkorntränke gewesen sein, die in den eleusinischen Mysterienkulten – ebenfalls zu Ehren von Demeter und Kore – verwendet wurden;[2] bei seinen Forschungen zur Wirkung des Mutterkorns hatte Hofmann ja ausgerechnet das Halluzinogen LSD entdeckt. Freilich hätte sich eine positivere Bewertung der Schweine auch auf eine Passage in den augustinischen Auslegungen des Johannesevangeliums stützen können, in der es hieß: »Aber damit wir wüßten, nicht das Geschöpf Gottes sei tadelnswert, sondern der hartnäckige Ungehorsam und die ungeordnete Begierlichkeit, so fand der erste Mensch nicht durch ein Schwein, sondern durch einen Apfel den Tod, und verlor Esau sein Erstgeburtsrecht nicht wegen einer Henne, sondern wegen eines Linsenmuses.«[3]

Der ›Schweine-Heilige‹ Antonius – im süddeutschen Raum ›Facken-Toni‹, im Münsterland der ›Swinetünnes‹ genannt – verhinderte indes ebenso wenig wie manche andere Schutzpatrone der Schweine und ihrer Hirten, etwa die Heiligen Blasius, Leonhard oder Wendelin, dass die Schweine weiterhin als Verkörperungen der Sünde und des Teufels zur Diffamierung der jeweiligen Gegner und Andersgläubigen herangezogen wurden. In den Reformationskriegen wurden Luther und der Papst auf Flugblättern wechselweise als Sau gezeichnet und beschimpft, später waren es Herrscher wie Napoleon III. oder Wilhelm II., die man als Schweine oder ›Saupreußen‹ karikierte. Besonders berüchtigt war das Motiv der ›Judensau‹, das im Hochmittelalter in Reliefs, Skulpturen und Bildern aufkam und noch zu den antisemitischen Stereotypen der Nazi-Hetzpropaganda gehörte. Auf den Darstellungen, die sich in Deutschland ab dem 13. Jahrhundert verbreiteten, sieht man zumeist, wie mit spitzen Hüten als Juden gekennzeichnete Menschen an den Zitzen einer Sau trinken, andere tummeln sich um das Hinterteil, aus dem Urin spritzt. Assoziationen mit der römischen Wölfin drängen sich auf, zumal die Abscheu vor dem Schwein in der mittelalterlichen christlichen Annalistik durch die Verknüpfung des vierten Tiers der Daniel-Apokalypse (Dan 7, 1–8), dem wilden Eber, mit dem Imperium Romanum noch unterstrichen wurde: »In der Gestalt dieses Tieres erscheinen im 12. Jahrhundert sowohl der römische Kaiser als auch König Arthur.«[4] Doch selbst wenn die Wölfin – nach Plutarch – mit der Frau des Schweinehirten assoziiert ist, selbst wenn die Dämonen von Gerasa den Namen ›Legion‹ bekennen, muss zwischen dem Wildeber und der widerwärtig dargestellten ›Judensau‹ unterschieden werden. Nicht weniger naheliegend ist darum die Erinnerung an die Rechtspraxis des sogenannten Judeneids: »Wenn Juden in einem Rechtsstreit mit Christen einen Eid leisten wollten, hatten sie ein bestimmtes Ritual zu beachten. Sie mußten während der Eidesleistung barfuß auf einer Sauschwarte stehen. Der Sachsenspiegel, ein bedeutendes Gesetzeswerk für das 13. Jahrhundert, enthält sogar noch weitere detaillierte Anweisungen für die Prozedur. Er verlangt, daß die Schwarte von einer Muttersau zu stammen habe, die vierzehn Tage zuvor geferkelt hat, daß sie über den Rückenkamm aufzuschneiden sei und der Jude auf der Stelle der Zitzen stehen müsse.«[5] Der Ritus ist so doppeldeutig wie das

Schwein selbst: Einerseits postuliert die Schwarte die Geltung des christlichen Rechts, andererseits verhöhnt sie das jüdische Verbot des Schweinefleischs. Die Juden, die nach der Reconquista, der christlichen Rückeroberung Spaniens im späten 15. Jahrhundert, zwangsgetauft wurden, hießen ›Marranen‹; im Spanischen und Portugiesischen bedeutet ›marrano‹ (oder ›marrão‹) – Schwein.

Im Mittelalter und in der frühen Neuzeit wurden nicht nur Ketzer, Juden oder Hexen vor die Gerichte gestellt, sondern auch Tiere. Und besonders oft traf es – wenig überraschend – die Schweine. Die stets von weltlichen Gerichten geführten Prozesse richteten sich am häufigsten gegen Schweine – wie schon im ältesten bekannten Fall von 1266/68 –, die Kinder angeknabbert oder aufgefressen hatten. Gewöhnlich wurden die angeklagten Tiere zum Tod am Galgen verurteilt, mitunter auch zum Begräbnis bei lebendigem Leibe. So wurde beispielsweise im Jahr 1386 eine Sau wegen der Verstümmelung eines Kleinkindes angeklagt. Das Gericht sprach das Tier des Mordes schuldig, es wurde danach in eine Zelle gesperrt. Am Hinrichtungstag trug die Sau einen Mantel und ein weißes Hemd; sie wurde wie das Kleinkind brutal verstümmelt. »Die in den Akten – erhalten sind meist nur die Urteilssprüche – verwendeten Formulierungen entsprechen völlig denen gegen menschliche Übeltäter, z. B.: ›Und was das genannte Schwein betrifft, haben wir es verurteilt und verurteilen es aufgrund der in dem genannten Prozess enthaltenen und festgestellten Gründe, der Gerechtigkeit halber aufgehängt und exekutiert zu werden im Hoheitsbereich meiner genannten Herren, nach unserem definierten Spruch und mit Recht.‹ ... Man erstattete in aller Form

Anzeige, veranstaltete eine eidliche Zeugenvernehmung, ließ ein schriftliches Urteil ergehen und dieses durch den Nachrichter vollziehen.«[6] Aus heutiger Sicht erscheinen solche Tierprozesse lächerlich. Doch sollten wir nicht vergessen, dass noch am 11. September 1913 die Elefantenkuh Mary zum Tod durch den Strang verurteilt wurde, weil sie bei einer Parade in Tennessee einen Zirkusdompteur totgetrampelt hatte; zu ihrer Hinrichtung wurde ein Kran benötigt. In den Tierprozessen bezeugte sich aber auch eine Veränderung kollektiver Vorstellungen, wie Peter Dinzelbacher hervorgehoben hat:[7] Die Grenzen zwischen Schweinen und Menschen wurden weniger scharf gezogen, indem die Tiere wie menschliche Verbrecher vor Gericht gestellt und verurteilt wurden.

Zwischenspiel am Pazifik

Szenenwechsel: Wenn wir vom Nahen Osten in die pazifische Welt, nach China oder Südostasien, reisen, begegnen wir nicht nur anderen Schweinearten, sondern auch respektvolleren und weniger ambivalenten Umgangsformen mit diesen Tieren. Zwar wurden Schweine auch in China und auf manchen pazifischen Inseln geopfert, wo sie gleichermaßen »als einzig zulässiger Ersatz für Menschenopfer«[1] galten und Vertragsabschlüsse oder Bündnisse besiegelten, allerdings wurden sie nicht als unrein, sondern als symbolische Verkörperungen des Glücks, der Fruchtbarkeit und des Reichtums angesehen. Im Zyklus der monatlich wechselnden babylonischen Tierkreiszeichen kommen die Schweine bekanntlich nicht vor; in China wurde hingegen zuletzt 2007 ein Jahr des Schweins gefeiert. Schweine gelten im Fernen Osten als besonders ehrliche Tiere; Menschen, die in Schweinejahren geboren wurden, sollen sich durch Toleranz, Vertrauen, Moral und Edelmut auszeichnen. In seinem sympathischen Buch über *The Whole Hog* (von 2004) schrieb der 2008 verstorbene Biologe Lyall Watson: »Die Tabuisierung der Schweine im Nahen Osten wird vehement konterkariert durch den Respekt, mit dem Schweine in der pazifischen Welt gehalten werden, in der sie zu Symbolen politischer und sozialer Macht aufgestiegen sind. Wer dort den Verzehr von Schweinefleisch verweigern wollte, wird geradezu als unmenschlich betrachtet.«[2]

Nordchinesischer Wildeber.

Als zu Beginn des 16. Jahrhunderts die ersten europäischen Seefahrer auf der Insel Neuguinea landeten, waren die Schweine schon seit Jahrtausenden da. Es ist nicht ganz klar, wie sie dorthin gekommen sind, vielleicht wurden sie von Zuwanderern mitgenommen, vielleicht kamen sie aus Südostasien und eroberten schwimmend – denn Schweine sind ausgezeichnete, leidenschaftliche Schwimmer – in Etappen die Inseln. Sie werden frei gehalten, tagsüber laufen sie in die Wälder, abends kehren sie freiwillig wieder zurück. Geschlachtet werden sie zu größeren Festen und anlässlich von Begräbnissen. Beobachtungen legen die Schlussfolgerung nahe, dass Schweine nicht von Anfang an als Nutztiere und Nahrungsquellen gehalten wurden, sondern aufgrund ihrer hohen Geselligkeit. »Schweine sind höchst sozial«, kommentierte Watson, »sie leben in Familien, pflegen enge Kontakte und eine spielerische Art des Zusammenlebens, die wir eher mit Primaten assoziieren als mit Paarzehern. Sie nehmen einander zu jeder Zeit mit hoher Aufmerksamkeit wahr, bleiben in Kontakt durch ein Konzert angenehmer Laute, die immer beantwortet werden und die Gruppenstruktur aufrechtzuerhalten helfen, selbst wenn sie einander im dichten Unterholz aus den Augen verlieren.«[3] Schweine haben sich offenbar zwanglos in die Gruppen der Jäger- und Sammlerinnen auf den pazifischen Inseln eingegliedert und nehmen an deren Leben teil: Nach der Geburt erhalten die Ferkel feierlich einen Namen, die Frauen tragen sie – wie Babys – eng am Körper und lassen sie gelegentlich an ihren Brüsten saugen.

Während ihrer Feldforschungen bei den Eipo im zentralen Hochland auf West-Neuguinea haben die Ethologen Irenäus Eibl-Eibesfeldt und Wulf Schiefenhövel im Jahr 1975 den alltäglichen Umgang mit Schweinen filmisch dokumentiert. Wir können sehen, wie Schweine an der Leine geführt, im Arm getragen oder in Netzen herumgeschleppt werden, Kinder, Frauen und Männer spielen mit den Tieren. Am Abend betreten sie gemeinsam die Wohnhütte. Die Schweine sind immer dabei, die Stimmung wirkt friedlich. Dabei sind die Eipo ein überaus kriegerischer Stamm, wie Schiefenhövel berichtete: »Die Söhne der Eipo lernen früh, was von Männern erwartet wird: Bogenschießen, Deckungssuche, blitzschnelle, kraftvolle Bewegungen, Finten und Strategien, den ›guerillaähnlichen Kampf‹ in kleinen Gruppen und das Ertragen von Schmerz. Später dann, erwachsen geworden, greifen sie ihre Feinde am

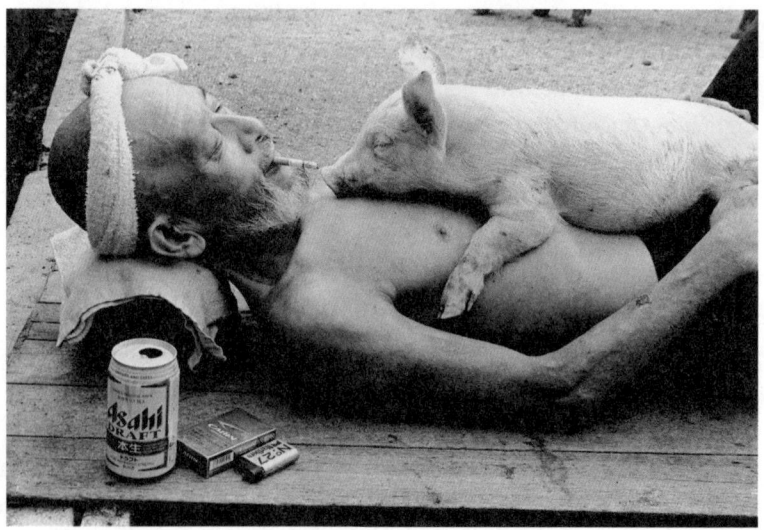

Aus dem Leben eines Schweinezüchters in Japan: Hiroshi Kamimura schläft, liest, singt und spielt mit seinen Tieren.

Er demonstriert, dass Schweinehaltung auch ohne Grausamkeit praktiziert werden kann.

liebsten von hinten an, ›weil der Gegner sich sonst wehren könnte‹, und neigen dazu, ›Personen bei der Gartenarbeit zu überfallen‹. Getötete Krieger werden gelegentlich als ›Akt der vollständigen Zerstörung‹ aufgegessen«.[4]

Verblüffender noch als die Nachrichten von einem kriegerischen, manchmal kannibalischen Stamm auf Neuguinea, der ein friedlich enges Zusammenleben mit seinen Schweinen praktiziert, wirken die Fotografien, die vor ein paar Jahren das Leben eines Schweinezüchters in Japan dokumentierten: Offenbar ist es auch unter beinahe industriellen Bedingungen der Schweinehaltung möglich, ein herzliches, ja geradezu intimes Verhältnis mit den Tieren zu pflegen. Der Mann heißt Hiroshi Kamimura und ist mehr als siebzig Jahre alt. Auf seinem Hof in der Präfektur Kagawa (im südöstlichen Japan) leben rund 1200 Schweine, die er selbst aufgezogen hat. Die Fotos hat Toshiteru Yamaji aufgenommen, ausgerechnet jener Funktionär der Stadtverwaltung, der den alten Hof Kamimuras – zugunsten der Errichtung von modernen Wohnhäusern – schließen ließ. Kamimura zog mit seiner Frau und den Schweinen aufs Land, befreundete sich jedoch mit dem Beamten, der dann zehn Jahre lang Fotografien des Bauern mit seinen Tieren anfertigte. Im Dezember 2010 hat Yamaji einen Bildband publiziert, sein Titel lautet: *Pigs and Papa*. Auf den Fotos können wir sehen, wie Kamimura seinen Tieren Lieder auf der Gitarre vorspielt, ihnen aus der Zeitung vorliest, weil sie seine Stimme von Geburt an kennen, und wenn er Mittagsschlaf hält, liegt meistens ein Ferkel auf seinem Bauch. Auf manchen Bildern sehen die Schweine so aus, als würden sie lachen.

Verwandlungen:
Zur Erotisierung der Schweine

In seinem kulturtheoretischen Hauptwerk über *Masse und Macht* spricht Elias Canetti fast auf jeder Seite von Verwandlungen, die als wesentliche Kompetenzen der Menschen betrachtet werden. Menschen sind verwandlungsfähige Wesen, sie können sich verändern und gezielt mit anderen identifizieren. Canetti betont dabei besonders die Verwandlung der Menschen in Tiere: Er kommentiert etwa die Verwandlungsfähigkeit der prähistorischen Jäger, die mit ihren Beutetieren gleichsam verschmelzen. So kennen die Buschmänner die »Springbockgefühle«, die »sich auf alle möglichen Bewegungen und Eigenschaften des Springbocks« beziehen: »›Wir haben eine Empfindung in den Füßen, wir spüren das Rascheln mit ihren Füßen im Gebüsch.‹ Diese Empfindung in den Füßen bedeutet, daß die Springböcke kommen. Es ist nicht etwa so, daß man sie rascheln gehört hat. Sie sind noch zu weit entfernt. Aber die Füße der Buschmänner selber rascheln, denn die der Springböcke rascheln in der Ferne.«[1] Solchen Jagdverwandlungen können die »Fluchtverwandlungen« gegenübergestellt werden, von denen häufig im Märchen erzählt wird: Wer verfolgt wird, entgeht seinem Feind, indem er sich beispielsweise in einen Vogel oder eine Maus verwandelt.

Canetti ging aus von den furchterregenden Erscheinungsformen der Verwandlung: von Verwandlungen in Beute und Raubtier, von Verdoppelungen und Selbstverzehrungsriten, von den hysterischen, manischen und melancholischen Verwandlungen, von Totemismus und Delirium tremens, von Maske, Herrschaft und Sklaverei. Die Verwandlungen der Liebe und Zuneigung, der Trauer und Schmerzen, der Faszination und Sehnsucht blieben ihm dagegen immer etwas fremd. Canetti war ein begeisterter Leser Kafkas, und hatte nicht auch Kafka ein düsteres Bild der Verwandlung gezeichnet? In den letzten Monaten des Jahres 1912 entstand die Erzählung *Die Verwandlung*. Ihr Inhalt ist wohlbekannt: Eines Morgens erwacht der Handelsvertreter Gregor Samsa, der die Schulden aus dem Bankrott seines Vaters abzutragen versucht, als riesiger Käfer in seinem Bett. Die zunehmend verzweifelten Versuche der Schwester, eine Art von Koexistenz zwischen dem Bruder und den Eltern zu arrangieren, scheitern kläglich. Nachdem sein Zimmer zuerst ausgeräumt werden soll, um dem Käfer das Kriechen auf Decke und Wänden zu erleichtern, wird es zuletzt als Rumpelkammer benutzt. Verwahrlost, krank und ausgezehrt stirbt endlich der Käfer, den niemand mehr für den ehemaligen Sohn, Bruder oder Handelsreisenden halten will.

Von Schweinen spricht Canetti wenig, auch nicht von Verwandlungen in ein Schwein. In *Masse und Macht* kommentiert er das Leben der Lele am Kasai-Fluss im Kongo. Canetti erwähnt hier die Wasserschweine, die bei diesem Stamm als jene Tiere angesehen werden, »die am stärksten mit übersinnlicher Macht geladen sind; sie waten immer in den Quellbächen herum, die der Lieblingsaufenthalt der Geister sind. Das Schwein ist so etwas wie ein Hund des Geistes, es lebt mit ihm und gehorcht ihm wie ein Hund dem Jäger. Wenn ein Wasserschwein einem Geiste ungehorsam war, wird es von diesem bestraft; er läßt es auf der Jagd von einem Menschen töten, dem er damit zugleich eine Belohnung erteilt.«[2] Der Satz vom Schwein als »Hund des Geistes« verdient eine Unterstreichung, er vermittelt mit poetischer Kraft, warum die Schweine so oft an der Grenze zwischen Wasser und Land, Wald und Siedlung, Wildnis und Zivilisation (im Sinne Hans Peter Duerrs) angesiedelt wurden und warum sie später als die bevorzugten Begleittiere, ›familiars‹ im Englischen, der Hexen galten. Wie in Gerasa verbünden sich die Totengeister und Dämonen mit den Schweinen. Auf Besen oder Schweinen ritten die Hexen während der Walpurgisnacht zum Sabbat am Brocken, nicht nur im schon angeführten *Faust*. In Schweine haben sich die Hexen dennoch kaum verwandelt; der berüchtigte *Hexenhammer*, dieser vielfach gedruckte und verbreitete Traktat von 1486, der zur Hexenverfolgung aufrief, erwähnt in dieser Hinsicht Katzen, Wölfe, Raben oder Schlangen, das Schwein kommt hingegen nicht vor.

Sagen von Schweine-Menschen sind selten, ganz im Unterschied zu Berichten über kriegerische Männerbünde, die sich in Wölfe, Bären oder andere Raubtiere verwandeln wollten. Auch die Archäologie ist dieser Tendenz gefolgt: Über den ›Löwenmenschen‹ von der Schwäbischen Alb wurde bereits viel häufiger spekuliert als etwa über die altägyptische, rund fünftausend Jahre alte Skulptur einer Schweinegöttin, die im Ägyptischen Museum von Berlin aufbewahrt wird. Die Verwandlung Lykaons in einen Wolf, von der Ovids *Metamorphosen* erzählen, hat die Fantasie des Lesepublikums nachhaltiger angeregt als die Mythen von Demeter und Baubo oder der zehnte Gesang der Odyssee, in dem Odysseus einer buchstäblich bezaubern-

Die Zauberin Kirke aus der homerischen Odyssee wird von den Schweinen, den verwandelten Gefährten des griechischen Helden, angehimmelt. So zeigt sie jedenfalls Briton Rivière (1840–1920).

den, erotischen Göttin begegnet, die seine Gefährten in Schweine verwandelt hat: Kirke, der Tochter des Sonnengottes Helios, Schwester der Pasiphaë, der Gemahlin des Königs Minos von Kreta (die sich einst in einen Stier verliebt und danach den Minotaurus geboren hatte). Odysseus gelingt es bekanntlich, dem Zauber der Göttin – mithilfe eines Krauts, das ihm Hermes geschenkt hat – zu widerstehen und die Rückverwandlung seiner Männer zu erzwingen. Fast ein Jahrtausend nach Homer hat Plutarch die Geschichte wieder aufgegriffen und neu pointiert. In seiner Version erlaubt Kirke Odysseus, die verwandelten Gefährten zu befragen, ob sie wieder menschliche Gestalt annehmen wollen. Doch Odysseus wird von ihnen ausgelacht: »Wie die Kinder die Arzneimittel scheuen, ... so sträubst du dich vor deiner Verwandlung und ist dir im Umgange Kirkes fortwährend angst und bange, sie möchte dich unversehens zu einem Schwein oder Wolf machen, und willst uns noch überreden die reichlichen Genüsse, in denen wir leben, mit diesen auch die Urheberin derselben, zu verlassen und mit dir aus dem Lande zu gehen, nachdem wir wieder zu Menschen geworden wären, dem mühseligsten Geschöpfe von Allem das lebt.«[3]

Ist nicht auch Odysseus selbst den erotischen Genüssen seiner Gastgeberin erlegen? War Kirke eine Falkengöttin oder doch eine Schweinegöttin? Den Witz dieser Geschichte hat die französische Autorin Marie Darrieussecq zur Grundlage ihres Debütromans gemacht, der 1996 zum Bestseller avancierte und für den Prix Goncourt nominiert wurde (sowie Jean-Luc Godard dazu verführte, sich die Filmrechte zu sichern). *Truismes,* so der französische Titel des Romans, ist eine ebenso groteske wie virtuose Beschreibung der zyklisch wiederkehrenden Verwandlung einer jungen Frau, der namenlosen Ich-Erzählerin, in ein Schwein. Die deutsche Übersetzung des Romans hieß übrigens *Schweinerei*: Bei dieser Namensgebung ging allerdings ein subtiles Wortspiel verloren. ›Truisme‹ ist nämlich die Binsenwahrheit, der Gemeinplatz, die Trivialität, ›truie‹ jedoch die Zuchtsau, das Mutterschwein. *Truismes* schildert einen aberwitzigen Reigen vielgestaltiger Verwandlungen, die sich in einem Kosmetiksalon ereignen, der sich – während ständige Erneuerungen durch Cremes, Parfums und Salben versprochen werden – in ein Bordell verwandelt, in dem die Lüste einander steigern und überbieten; sie ereignen sich in der Frauenklinik, bei Geburten und Abtreibungen, in Ballsälen, die zu Schlachthöfen mutieren, in Stadtwohnungen, Bauernhöfen und Viehställen, zuletzt im Wald. Und daneben verwandelt sich auch der Geschmackssinn der Heldin: »Ich hatte dauernd Hunger, ich hätte alles essen können, Gemüseabfälle, überreifes Obst, Eicheln, Regenwürmer. Das einzige, was ich weiterhin nicht runterkriegte, war Schinken, und genauso Pâté, Würstchen und Salami«.[4] Im Schlussteil des Romans erlebt die Schweinefrau eine heftige Liebesgeschichte mit dem Werwolf Yvan: »Yvan war silbergrau, er hatte eine lange Schnauze, zugleich fest und feingeschnitten, ein männliches, kräftiges, elegantes Maul, lange, dichtbehaarte Pfoten und eine sehr breite Brust mit einem seidenweichen Pelz. Yvan war die Schönheit in Person«.[5] In rabiaten Vollmondnächten bestellt sie Pizza; sie frisst den Teig mit der Tomatensoße, Yvan den Pizzaboten.

Allmählich vertieft sich die Verwandlung; sie führt zu einem neuen Leben, das mit großer Empathie dargestellt wird: »Zwischen den dicken Wurzeln der Bäume war die Erde aufgebrochen und locker, als hätten sich die Wurzeln tief hineingebohrt und sie von innen umgegraben. Ich steckte meine Nase hinein. Es duftete köstlich nach trockenem Laub vom letzten Herbst, ganz kleine bröcklige Klümpchen lösten sich, die nach Moos, Eicheln und Pilzen rochen. Darin wühlte und buddelte ich, mit diesem Geruch schien der ganze Planet in meinen Körper einzudringen, eine Jahreszeit folgte der anderen in mir, Wildgänse, Schneeglöckchen, Obstblüte, Südwind.«[6] Mit der Verwandlung in ein Schwein vollzieht sich ein innerer Umsturz und eine erotische Emanzipation, wie sie auch Oskar Panizza in seinem 1900 erschienenen Essay über *Das Schwein in poetischer, mitologischer und sittengeschichtlicher Beziehung* dargestellt hatte. Illustriert wurde die Neuausgabe des Essays aus dem Jahr 1994 mit einigen Zeichnungen des österreichischen Aktionisten Günter Brus; als Frontispiz fungierte eine (im Original aquarellierte) Radierung des belgischen Karikaturisten und Illustrators Félicien Rops. Das Bildmotiv von der *Dame au cochon* hatte der Symbolist in seiner erotischen Druckgrafik mehrfach verwendet und variiert, so auch in einer Interpretation der Versuchungen des heiligen Antonius.

Die Vielschichtigkeit und Komplexität sexueller Emanzipationsprozesse wurde erst nach 1968 wirklich sichtbar. Ein bis heute lesenswertes Tagebuch über die Schwierigkeiten mit Sexualität und Politik – auch und gerade im Kontext der Studentenbewegung – erschien 1976 in Rom. Es wurde verfasst von Marco Lombardo Radice und Lidia Ravera und trug den Titel *Schweine mit Flügeln*. In Briefen und Tagebuchnotizen aus der jeweiligen Perspektive von Rocco und Antonia – so hieß das fiktive Paar – wurden die Probleme veranschaulicht, die

Die aquarellierte Radierung von Félicien Rops (1833–1898) feiert den Auftritt der Dame au cochon, *der Dame mit dem Schwein (1878).*

den Versuch begleiten, sich aus den Codierungen des Sexuellen als ›Schweinerei‹ zu befreien, ohne dabei im Namen eines politisch korrekten Engagements neue Herrschaftsbeziehungen zwischen Männern und Frauen zu etablieren. Als Motto diente dem Buch ein Zitat aus David Coopers *Der Tod der Familie:* »Natürlich sind Menschen Schweine. Und menschliche Institutionen sind natürlich Schweineställe oder Schweineproduktionsfarmen und Schlachthäuser für Schweine. Wenn Schweine Flügel hätten, wie ein altes englisches Sprichwort sagt, wäre alles möglich. Aber vielleicht haben Schweine wirklich geheimnisvolle, unsichtbare Flügel, und vielleicht sehen wir diese Flügel nicht, weil wir Angst haben, daß alles möglich werden könnte. Wenn dem so ist, sind wir Schweine mit entweder unsichtbaren oder verkümmerten Flügeln«.[7]

Die Hoffnung auf Verwandlungen bleibt also unverlässlich. Sie wird auch von neueren Filmen nicht gerade genährt: In *S1m0ne* (2002) von Andrew Niccol (mit Al Pacino und Rachel Roberts) verwandelt sich ein digitales Model dem Anschein nach in ein Schwein, während in Ulrich Seidls Film *Models* (1998) die Protagonistin ein paar Schweinefiguren in die Nische neben ihr Bett gestellt hat. Und es fällt schwer zu entscheiden, ob in diesen Szenen die ›schweinische‹ Lüsternheit des Publikums karikiert werden soll – oder die Bereitschaft der Models, sich im Modezirkus selbst eine digitale, nicht mehr eiserne Schandmaske in Schweinegestalt anzulegen, mit der rebellische Frauen im Mittelalter an den Pranger gestellt wurden.

Gebildete und abgebildete Schweine

Schweine können nicht besonders gut sehen, umso ausgeprägter ist ihr Geruchssinn und ihr Gehör. Umgangssprachlich populär sind nach wie vor die ›Trüffelschweine‹, auch wenn die Trüffelsuche inzwischen meist mit anderen Tieren – Hunden, Ziegen oder sogar Fliegen – betrieben wird; es ist nämlich gar nicht leicht, dem erfolgreichen Trüffelschwein seine Beute wieder abzunehmen. In Italien ist darum der Einsatz von Trüffelschweinen nicht mehr erlaubt. Die gute Nase der Schweine wird auch bei der Suche nach Leichen, Drogen oder Sprengstoff genutzt; besondere Prominenz erlangte in dieser Hinsicht die Wildsau Luise, die am 5. Juli 1984 im niedersächsischen Familienpark Sottrum geboren wurde. »Von einem Polizeibeamten der Hundestaffel Hildesheim wurde Luise nämlich bereits im zarten Alter von drei Monaten einer Ausbildung zum ›Drogenspürschwein‹ unterzogen. Und tatsächlich konnte das Wildschwein bald selbst kleinste Mengen von Drogen oder Sprengstoff erfolgreich erschnüffeln und stand seinen bellenden Kollegen an Leistungsfähigkeit in nichts nach.«[1] Medienberichte machten Luise so bekannt, dass sie rund siebzig Fernsehauftritte absolvieren musste, etwa mit Alfred Biolek, Günter Jauch oder Udo Jürgens; auch an einem *Tatort* mit Inge Meysel durfte sie mitwirken. Die niedersächsischen Polizisten waren allerdings nicht besonders glücklich über die neue ›Kollegin‹, zu oft hatten sie sich wohl selbst mit Schweinen vergleichen

Eine Idylle aus dem 17. Jahrhundert: Der Hirte und die Schweinefamilie auf einem Gemälde des flämischen Malers David Teniers d. J. (1610–1690).

lassen müssen. Doch der damalige Ministerpräsident Ernst Albrecht sprach ein Machtwort, und Luise wurde danach gleichsam ›verbeamtet‹. Sie starb am 18. April 1998.

Schweine haben aber nicht nur eine gute Nase, sondern auch ein vortreffliches Gehör. Sie können zudem selbst – wie bereits erwähnt – eine differenzierte Vielfalt von Lauten hervorbringen, und sie hören sogar auf die Stimmen ihrer Hirten, wie Claudius Aelianus in *De natura animalium* berichtet hat: »Das Schwein kennt die Stimme seines Hüters, und hört auf seinen Ruf, auch wenn es sich verirrt hat. Die Beglaubigung hiervon liegt nahe. Übelgesinnte Menschen landeten mit einem Raubschiffe am Tyrrhenischen Ufer, und stießen beim Weitergehen auf einen Stall; der Stall gehörte Schweinehirten, und enthielt viele Schweine. Dieser bemächtigten sie sich, und warfen sie in das Schiff, lösten die Taue und fuhren davon. Die Hirten hielten sich ruhig, so lange die Räuber in der Nähe waren; als diese sich aber von dem Ufer entfernten, so weit Du des Rufenden Ton hörst, da riefen die Hirten mit gewohnter Stimme die Schweine zurück zu sich. Als diese den Ruf hörten, drängten sie sich auf die eine Seite des Fahrzeuges und warfen es um. Die Räuber ertranken sogleich, die Schweine aber schwammen zu ihren Herrn zurück.«[2] Doch nicht nur die Schweine erkannten ihre Hirten an der Stimme, sondern auch umgekehrt. Wie bemerkte noch Sir Pelham Grenville Wodehouse? »Ein guter Schweinehirt kann sein persönliches Schwein inmitten eines Gewitters zehn Meilen weit grunzen hören und den charakteristischen Klang erkennen, auch wenn tausend andere Schweine simultan Laut geben.«[3]

Offenbar ist die umgangssprachliche Kritik an unmusikalischen Menschen, sie hätten ›Schweinsohren‹, nicht berechtigt. Schon im mittelalterlichen Chorgestühl mancher Kirchen und Klöster finden sich Darstellungen von Schweinen, die Musikinstrumente spielen, vorzugsweise den Dudelsack, aber auch Harfe, Flöte oder Fiedel. Die Darstellungen sind – wie so oft – doppeldeutig: Einerseits erinnern sie an die fahrenden Kleriker, die sogenannten Lotterpfaffen, die mit Gauklern und Spielleuten umherzogen, andererseits an das Vergnügen profaner Musik- und Tanzveranstaltungen. Die musizierenden Schweine wurden meist mit so großer Freude am Detail gestaltet, dass sich bezweifeln lässt, ob sie nur als Ermahnung wirken sollten.

»Selbst bei den Schweinemusikanten im Chorgestühl von Winchester, einem Eber, der seiner Erwählten auf der Fiedel ein Ständchen bringt, zwei sich küssenden Schweinen und einer auf der Doppelflöte blasenden, die Ferkel säugenden Sau, wo eine Deutung auf das Laster der Unzucht eigentlich naheliegend wäre, selbst hier dürfte es fraglich sein, ob die Bilder den zeitgenössischen klerikalen Betrachter zur moralischen Besinnung anzuregen vermochten. Vielmehr ist anzunehmen, daß sich beim musizierenden Schwein ein Bildmotiv, das ursprünglich durchaus moralische Konnotationen hatte, selbständig gemacht und zu einer eher amüsanten Groteske geworden ist. Die Sorgfalt, die Liebe zum Detail, ja die Innigkeit bei manchen dieser Bilder lassen vermuten, daß es dem Holzschnitzer nicht geringes Vergnügen bereitet haben muß, eine solche Szene zu gestalten. So scheint z. B. die Sau aus dem Chorgestühl von Champeaux ihr Ferkel, das sich in unwegsames Gelände verirrt hat, mit Dudelsackklängen zurücklocken zu wollen. Und die Sau aus der Kathedrale von Manchester spielt ihren Ferkeln zu einem höchst ordentlichen Reigen um den leeren Trog auf.«[4] Erfahrungen mit dressierten Schweinen, die tatsächlich auf Jahrmärkten auftraten, könnten dieses positive Bild zusätzlich beeinflusst haben: »Schweine sind von Natur aus Unterhaltungskünstler. Sie müssen nicht zur Vorführung gezwungen werden, und sie verfügen über eine bemerkenswerte Bandbreite des Ausdrucks und umfangreiche Talente. Der Schweine-Experte William Hedgepeth behauptet, dass alle Schweine ein feines lyrisches Gespür teilen und eine generelle Liebe zur Musik.«[5]

Neuerdings werden Schweine im Stall nicht mehr nur mit

Musik unterhalten, sondern durch Klänge aktiviert. Das Leibniz-Forschungsinstitut für Nutztierbiologie in Dummerstorf befasst sich auch mit der Intelligenz und Musikalität von Schweinen. Die Forscher haben u. a. ein System entwickelt, mit dem jedem einzelnen Schwein ein individuelles Tonsignal zugeordnet wird, das es als sein persönliches ›Jingle‹ erkennt. Wenn der eigens konstruierte ›Ton-Schalter-Futterautomat‹ eine Tonfolge zu einer unvorhersehbaren Zeit abspielt, kommt das adressierte Schwein als Einziges zum Automaten und muss mit seinem Rüssel mehrmals auf einen Schalter drücken, um die maximale Futtermenge zu erhalten. Diese Belohnung der Aufmerksamkeit und Lernfähigkeit von Schweinen, gaben die Wissenschaftler 2005 bekannt, stärke das Immunsystem der Tiere, ihr Wohlbefinden und ihre Gesundheit.

Schweine sind außerordentlich intelligente Tiere, ihre kognitiven Kapazitäten wurden sogar mit Primaten oder Delfinen verglichen. Schweine sind kreativ, listig und haben einen hoch entwickelten Sinn für räumliche Orientierung. Lyall Watson zitiert in diesem Zusammenhang eine Mitteilung von Gilbert White, der eine Sau aus Hampshire beobachtete: »Wenn sie Gelegenheit suchte, sich mit einem Eber zu treffen, pflegte sie alle hinderlichen Tore zu öffnen, ging allein zu einem entfernten Hof, wo ein Eber gehalten wurde, und sobald der Zweck ihres Besuchs erfüllt war, wanderte sie auf demselben Weg wieder zurück nach Hause.«[6] Noch erstaunlicher wirkt der Bericht von Sir Walter Gilbey, denn er bezeugt einen Umgang der Schweine nicht nur mit Raum, sondern auch mit Zeit und Kausalität. Gilbey, der »gentleman-farmer«, sah einmal »eine intelligente Sau im Alter von rund zwölf Monaten, die in einen Obstgarten rannte, zu einem jungen Apfelbaum, den sie schüttelte, während sie ihre Ohren spitzte, um zu hören, ob die Äpfel herunterfielen. Danach las sie die Äpfel auf, um sie zu fressen. Sobald sie fertig war, schüttelte sie den Baum noch einmal, horchte erneut, und wenn keine Äpfel mehr herunterfielen, ging sie fort.«[7] Schweine sind neugierig und überaus lernfähig. Als die ›Mini-Pigs‹ als Heimtiere in Mode kamen, warnten die Züchter auf ihren Websites davor, die Zeit und Aufmerksamkeit zu unterschätzen, die diese Tiere – anders als Hunde oder Katzen – in Anspruch nehmen. Offenbar ist das Risiko hoch, dass die kleinen Schweine, sobald sie sich langweilen, die Wohnung regelrecht auseinandernehmen, Schranktüren und Schubladen öffnen, um deren Inhalt zu inspizieren, Regale abräumen oder die Möbel bearbeiten. »Minischweine sind mit keinem anderen Haustier zu vergleichen! Zwar sind sie kapriziös und verschmust wie Katzen, aber keine Einzelgänger. Sie brauchen sehr viel Streicheleinheiten und Ansprache. Sie sind intelligenter als Hunde, aber niemals unterwürfig und viel schwerer zu erziehen. Rufen Sie Ihren Hund, wird er in den meisten Fällen sofort kommen. Minischweine kommen gelegentlich darauf zurück. Sie haben viel Charakter und behalten immer ihren Eigensinn und ihre Persönlichkeit.«[8] Schweine sind extrem verspielt; und ihre Spiellust ist geradezu ansteckend. »Sie duftet nach vollkommener Ungezwungenheit und dem bewussten Streben nach Vergnügen an Stelle trister Routine. Schweine erfreuen sich außerordentlich an Neuem und sind bereit, weite Wege zurücklegen, um es zu finden. Hin und wieder sehnen sich manche Schweine so verzweifelt nach Abwechslung, dass sie legendäre Ausbrüche unternehmen.«[9]

Eben weil Schweine intelligent, neugierig, kreativ und lernfreudig sind, gehörten sie auch zu den ersten Zirkustieren der Neuzeit. Schon der französische König Ludwig XI. soll sich während seiner Regierungszeit (von 1461 bis 1483) an einem Ensemble kostümierter Schweine ergötzt haben, die zur Dudelsackmusik tanzten. Ein schottischer Schuster aus Perth namens Samuel Bisset – er lebte von 1721 bis 1783 – befasste sich mit der Dressur verschiedenster Tierarten: Hunde, Pferde, Affen, Hauskatzen, Kanarienvögel, Spatzen, Kaninchen oder Truthähne. Angeblich brachte er sogar einer Schildkröte das Kunststück bei, wie ein Hund ein Stöckchen zu apportieren; nach einem halben Jahr konnte dieselbe Schildkröte mit geschwärzten Beinen einen beliebigen Namen auf einen weiß gekalkten Fußboden schreiben. Bisset engagierte sich schließlich auch in der Schweinedressur: Er kaufte in Dublin ein schwarzes Ferkel, das er unermüdlich trainierte, bis es im August 1783 seinen ersten Auftritt absolvieren durfte. »Zu seinem Repertoire gehörte es, Rechenaufgaben zu lösen, die Uhrzeit anzugeben und auf bestimmte Wörter an Schautafeln zu zeigen – dabei suchte es immer genau das Wort aus, an welches ein vorher bestimmter Zuschauer gerade dachte.«[10] Kurz danach kam es allerdings zu einem Eklat: Ein Polizist unterbrach empört die unchristliche Vorführung, bedrohte den Schausteller mit Schlägen und das gelehrige Schwein mit dem Tod, und Bisset regte sich über diese Attacke so auf, dass er wenige Wochen nach dem Vorfall starb. Ein anderer Schausteller kaufte die Tiere Bissets, um die Tournee fortzusetzen. Im Februar 1785 erreichte er London und begeisterte das Publikum wie die Presse. Eine Zeitung berichtete: »Eine so wundersame Kreatur ist uns wahrlich noch nie vor Augen gekommen, und selbst die kritischsten Geister haben offen bekannt, daß weder die Zunge des begabtesten Redners noch die Feder des genialsten Schreibers den wundersamen Auftritt dieses klugen Tieres gebührend beschreiben kann.«[11]

Wenig später bevölkerten zahlreiche ›learned pigs‹ die Zirkus- und Varieté-Bühnen in Europa und Nordamerika. Noch vor der Wende zum 19. Jahrhundert eroberte William Frederick Pinchbeck mit einem klugen Schwein die Herzen des Publikums in den Städten von New England. 1805 publizierte er die Tricks seiner Dressur unter dem Titel *The Pig of Knowledge,* auf dem Frontispiz war das Schwein abgebildet, wie es den Namen ›Boston‹ – durch die korrekte Auswahl von Buchstabenkarten – anzeigt. Bücher, Plakate und Zeitungsartikel warben auch für den britischen Illusionisten Nicholas Hoare und sein Schwein, das als »Toby the Sapient Pig« London faszinierte. Im Jahr 1817 veröffentlichte Hoare eine ›Autobiografie‹ Tobys, und zwar unter dem Titel *The Life and Adventures of Toby the Sapient Pig, with his Opinions on Men and Manners, written by himself.* Darin gab Toby Auskunft über die möglichen Ursprünge seiner Begabung: Seine Mutter habe einmal die Bibliothek ihres Besitzers betreten und dabei die hinter Glasscheiben stehenden Buchreihen aufmerksam betrachtet, als wollte sie die einzelnen Titel studieren.[12] Das Frontispiz zeigte Toby bei der Lektüre: Und was liest das kluge Schwein, mit der Schreibfeder hinter dem Ohr? – Ausgerechnet Plutarch, der die Kirke-Geschichte aus der Odyssee so schweinefreundlich umgestaltet hatte!

Die umgangssprachliche Redensart »Das kann ja kein Schwein lesen« bezieht sich allerdings nicht auf Toby oder ein anderes ›learned pig‹, sondern auf Marcus Swyn, den Enkel

Was Schweine alles können: Lesen und Buchstabieren, Kartenspielen, Gedankenlesen und die Uhrzeit nennen. Plakat zur Ankündigung eines Auftritts des gelehrigen Schweins Toby.

von Peter Swyn (1480/81–1537), einen Anführer der Bauernrepublik von Dithmarschen in Schleswig-Holstein (zu Beginn des 16. Jahrhunderts). Nach dem Untergang der Bauernrepublik mussten zahlreiche Besitzdokumente neu beglaubigt werden. Manche Dokumente waren aber im Laufe der Zeit so verrottet und unleserlich geworden, dass sie nicht einmal ein Angehöriger der Familie Swyn entziffern konnte. Dann hieß es eben: »Dat kann keen Swyn lesen!« Die Familie, die erstmals 1329 urkundlich erwähnt wurde, ist inzwischen vergessen, ganz im Gegensatz zum Schwein; aber vielleicht hat sich aus der Redensart die spätere Charakterisierung einer schwer lesbaren Handschrift als ›Sauklaue‹ ergeben.

Ob Toby auch mit einer solchen ›Sauklaue‹ seine Autobiografie verfasst hat? Zwar bleibt die Geschichte des studierten Schweins so liebenswert wie unglaubwürdig; doch zumindest von malenden Schweinen wurde zuletzt im Juni 2007 erzählt, unter der Schlagzeile von neuen ›Pigassos‹ auf der Pennywell Farm in Buckfastleigh, Devon. Und wenn sie schon nicht als Maler Aufsehen erregten, so wurden sie doch häufig ihrerseits portraitiert: Schweine wurden in der Geschichte der Kunst oftmals dargestellt, in mythischen Jagdszenen, in allegorischen Sinnbildern der Gier oder der Lüsternheit, später auch in agrarischen Idyllen und Stillleben, in den Darstellungen eines Stalls, einer Schweineherde oder einer Hausschlachtung (wie in den Bildern von Isaac van Ostade). Im 18. Jahrhundert etablierten sich regelrechte Spezialisten der Tiermalerei. Zu ihnen zählte der französische Hofmaler Jean-Baptiste Oudry, der nicht nur exotische Tiere (wie Löwen, Leoparden, Wölfe oder Hyänen) portraitierte, sondern etwa auch ein Stachelschwein,

Eine idyllische Szene mit Schweineherde, wie sie Charles Emile Jacque (1813–1894) 1890 gemalt hat.

Katzen und die Jagdhunde Ludwigs XV., deren Individualität durch die auf das Bild gesetzten Namen verbürgt wurde. Ein anderer Meister der Tiermalerei war George Stubbs. Er gestaltete eine Reihe von Pferdeportraits, die ganz bestimmte Rennpferde zeigten, mit Namen wie Firetail, Lustre oder Molly Long-Legs. Maler wie George Morland oder James Ward aus London verdienten ihren Lebensunterhalt, indem sie individuelle (und zumeist preisgekrönte) Zuchttiere, vorzugsweise Rinder oder Schweine, für deren Besitzer in Öl portraitierten. In manchen Gegenden modellierte man bei der Preisschau von Zuchttieren das jeweilige Siegerexemplar in Gips, um es zu bemalen und dann auf einen – mit Ort und Datum der Schau, Namen des Züchters, Rasse und Namen des Tiers beschrifteten – Sockel zu montieren. Ab der Mitte des 19. Jahrhunderts wurde die Tiermalerei allerdings von der Tierfotografie abgelöst und zunehmend in den Hintergrund gedrängt.

Nach dem Zweiten Weltkrieg kehrten die Tiere auf eine radikal neue Weise in die Kunst zurück: nämlich durch die direkte Einbeziehung lebendiger Tiere in künstlerische Aktionen. Robert Rauschenberg gab 1964 in Stockholm ein Duett mit einer lebenden Kuh, 1966 stellte Richard Serra in der römischen Galleria La Salita lebende Hühner und Hasen aus: unter dem programmatischen Titel *Live Animal Habitat*. Arnulf Rainer veranstaltete ab 1979 Malaktionen mit einem Schimpansen, und Joseph Beuys traf im Mai 1974 in New York den legendären Kojoten Little John, der für diese Aktion von einer Farm für Filmtiere in New Jersey ausgeliehen wurde. Auf der zehnten Documenta in Kassel präsentierten Carsten Höller und Rosemarie Trockel 1997 *Ein Haus für Schweine und Menschen*. Eine Hälfte dieses Hauses wurde für die Besucher und Besucherinnen der Documenta reserviert, die andere für zwei Bentheimer Sauen mit ihren Ferkeln. »Für die Gäste ist der schlichte, von außen an ein Objekt der Minimal Art erinnernde Betonquader ein Ort der Ruhe, für die Schweine ein artgerechtes Gehege. Die Haushälften sind durch eine One-way-Glasscheibe getrennt, die von der Tierseite her verspiegelt ist und einen Blickkontakt damit ausschließt. Die Architektur des Hauses ist eine Kombination aus Museum, Theater und Kino: Von einem ansteigenden Publikumsbereich aus schaut man auf ein einziges Bild, bzw. durch eine breitformatige ›Leinwand‹, hinter der sich eine in Innen- und Außenraum gestaffelte Bühne öffnet. Die Aufführung ist live, aber wie im Stummfilm bietet sich das Geschehen hinter der ton- und geruchsundurchlässigen Glaswand nur dem Auge dar.«[13] Im Katalog zu ihrer Ausstellung publizierten Höller und Trockel eine Einleitung, die bis auf den letzten Absatz ausschließlich aus Fragen komponiert wurde. Im Spektrum dieser Fragen finden sich auch die irritierenden Erkundigungen nach dem Kannibalismus, die so oft erscheinen, wenn die Beziehungen zwischen Schweinen und Menschen thematisiert werden: »Warum können wir, wenn wir anonyme Exemplare einer uns bekannt gewordenen Tierart essen, keine uns unbekannten Menschen essen? Wieso verhungern viele Menschen lieber, als das Fleisch von Menschenleichen zu essen? Warum essen wir keine Menschen?«[14] Schweine sind uns nah und fern zugleich.

Mit lebenden Schweinen hat auch der belgische Konzeptkünstler Wim Delvoye im Zuge seines Projektes »Art Farm« experimentiert. Zunächst hatte er Schweinehäute aus US-Schlachthöfen tätowiert, doch zwischen 1997 und 2008 ging er dazu über, lebendige Schweine mit Tattoos auszustatten. Die Schweine wurden sediert, rasiert und mit Vaseline eingecremt. Nach der aufwendigen Prozedur trugen sie großflächige Motive aus der Gothic- und Biker-Subkultur (Harley-Davidson), aus der Welt der Logos und des Designs (Louis Vuitton) oder ironische Entwürfe aus der Werkstatt des Künstlers, wie beispielsweise eine gekreuzigte Micky Maus. Immerhin, diese *cochons tatouées* wurden vor der Schlachtung bewahrt. Sie symbolisierten den Zusammenhang zwischen Schwein und Geld, Brand- und Markenzeichen, Religion und Kitsch. Die Bilder waren buchstäblich am Leben – wie Jean Gabins Modigliani im Louis-de-Funès-Film *Le Tatoué* von 1968 –, und sie gewannen mit dem Wachstum der Tiere rasch an Format. Zugleich vermehrte sich ihr tatsächlicher Wert: Delvoye verkaufte manche Tattoo-Schweine um bis zu 140 000 Euro. Die Kunstsammler durften entscheiden, ob sie das lebende Schwein besitzen und versorgen oder lieber bis zu seinem natürlichen Tod warten wollten. Nach dem Ableben erhielten sie das ausgestopfte Tier. »Die Tatsache, dass Schweinehaut in der Ausbildung von Tätowierern genutzt wird, ist eine Pointe am Rande. Auch sollten die Bildmotive nicht vergessen lassen, dass die Tätowierung von Masttieren ein bis heute gebräuchliches Identifikationsmittel ist. Indem er seine Schweine (oder nur die Tattoos?) zusätzlich signiert, unterstellt Delvoye sie als Kunstwerke dem Urheberschutz«;[15] er betonte, hier trete ein Kunstwerk auf, das pisst und scheißt, und eine Menge Verwirrung in eine Welt der toten Objekte hineinträgt. Wann aber sind Objekte tot? Und wann avancieren sie zu Kunstwerken? Sowohl im Haus für Schweine und Menschen als auch in der Art Farm werden die Grenzen zwischen Leben und Kunst visualisiert und zugleich verwischt.

Glücksschweine, Sparschweine, Kuschelschweine

Redensarten und Sprichworte, die sich auf das Schwein beziehen, sind weit verbreitet, auch sie vermitteln – wie könnte es anders sein – ambivalente Haltungen. So wird in Luthers Tischreden eine derbe Beschimpfung mit dem Ausdruck ›jemand eine Sau geben‹ umschrieben, ›dans le cochon tout est bon‹ (›vom Schwein ist alles gut‹), heißt es dagegen im Französischen. ›Swine, women and bees cannot be turned‹, sagen die englischen Bauern, und die deutschen: ›Schweine, Bienen und Weiber machen viel Not dem Treiber‹. Die meisten Sprichworte beziehen sich indes gar nicht auf Schweine, sondern auf Menschen. Wer etwa nach anfänglicher Besserung seine schlechten Angewohnheiten wieder aufnahm, wurde mit dem Satz gerügt: ›Das Schwein wälzt sich nach der Schwemme wieder im Kot‹, und wer über schlechte Nachrede grübelte, hörte vielleicht das geflügelte Wort: ›Man verklagt keine Sau, die einen besudelt.‹ Wer mit Fleiß und ohne große Rhetorik seine Arbeit erfolgreich verrichtet hatte, wurde dagegen gelobt mit dem Ausspruch ›Stille Schweine wühlen die größten Wurzeln aus‹. Andere Beispiele für alltägliche Redensarten hatten ursprünglich gar nichts mit lebendigen Schweinen zu tun. Der nach wie vor beliebte Ausruf ›Ich habe Schwein gehabt‹ lässt sich entweder auf Kartenspiele zurückführen, in denen das Trumpf-As ›Sau‹ genannt wurde, oder auf jene Schweine, die bei mittelalterlichen Wettspielen als Trostpreise fungierten.

Nicht weniger interessant als Sprichworte und Redensarten sind allerdings die vielfältigen Dinge, die Schweinegestalt annehmen konnten: als seien die Tiere nicht nur in die Welt der Sprache eingedrungen, sondern auch in die Welt der Objekte und Waren. Und noch die kleinsten Figuren, Talismane oder Souvenirs demonstrieren einen Perspektivenwechsel, der die elementare Verwechselbarkeit von Schweinen und Menschen illustriert. Schweine werden gejagt, aber sie werden auch als Jäger dargestellt, Schweine werden gekocht, aber man findet sie auch als Köche oder Küchenrequisiten (Bierkrüge, Salzstreuer, Toaster); Schweine bringen Glück, aber sie treten auch auf als Glücksspieler und Kegelbrüder. Kaum ein Alltagsgegenstand ist nicht irgendwann einmal in Form eines Schweins erschienen, kaum ein Gedanke griff nicht irgendwann einmal auf Schweinemetaphern zurück. Die Omnipräsenz der Schweine stand spätestens ab dem Barock in Zusammenhang mit ihrer Funktion als Glückssymbol. Allmählich war der dämonische Charakter der Schweine in den Hintergrund getreten, dabei verschränkten sich Realität und Imagination: Der Besitz von Schweinen mochte vor den in jeder Agrargesellschaft häufig drohenden Hungersnöten schützen, zugleich artikulierte sich in Schweinesymbolen die Hoffnung auf Fruchtbarkeit und Reichtum. Und wann sollte sich diese Hoffnung denn erfüllen, wenn nicht gleich im Neuen Jahr?

Glück wird oft mit Geld assoziiert, und Sparschweine gab es vermutlich schon im alten China. Auch im ostjavanischen Königreich Majapahit sammelte die Bevölkerung die im Zahlungsverkehr üblichen chinesischen Münzen in Sparschweinen. »Als Java 1520 islamisch wurde, führte das nicht nur dazu, dass die

Fliegendes Schwein mit Satteldecke: Neujahrspostkarte. Die Geldsäcke dienen als Ballast.

›unreinen‹ Schweine selbst, sondern auch die von ihnen abgeleiteten Sparschweine zurückgedrängt wurden und schließlich ganz verschwanden. Nur der Name hat sich gehalten, denn mit ›Céléngan‹ wird noch heute die Sparbüchse in jeder Form bezeichnet. Das Wort leitet sich ab von *Céleng*, ›Schwein‹.«[1] Die ältesten deutschen Sparschweine wurden in Thüringen und Franken gefunden. »Im Stadtkern von Nürnberg wurde ein kleines Schweinchen aus Ton ausgegraben, das vermutlich aus dem 15. Jahrhundert stammt. Ob es als Spargefäß gedient hat, ist allerdings fraglich. Zwar hat das Tier im Rücken einen Schlitz, der aber wohl in dieser Form ursprünglich nicht vorhanden war.« Eine neuere Genealogie des Sparschweins bezieht sich auf ein Missverständnis. In England »wurden Haushaltsgefäße, die als Vorratsbehälter dienten, aus einem Materialgemisch hergestellt, das die Bezeichnung ›pygg‹ trug. In diesem Krug wurde ursprünglich Salz aufbewahrt. Aus ›pygg‹ wurde allmählich ›pig‹, das Schwein. Langsam veränderte sich aber nicht nur der Name, sondern auch der Gebrauch des Gefäßes, und man begann, Geld in dem Krug zurückzulegen«:[2] Und der Krug verwandelte sich selbst in ein Schwein. Die Popularität des Sparschweins hat inzwischen signifikant abgenommen, nur noch ältere Generationen erinnern sich an Robert Lembkes berühmte Quizshow *Was bin ich?*, bei der alle Kandidaten und Kandidatinnen nach ihrem bevorzugten »Schweinderl« gefragt wurden.

Als Artefakte sind die Schweine in die bürgerlichen Wohnzimmer, in Haushalt und Ökonomie, vor allem aber in die Kinderzimmer eingezogen. Schon Lewis Carroll hatte im sechsten Kapitel seines Kinderbuchklassikers *Alice im Wunderland* eine Szene ausgemalt, in deren Verlauf ein Baby in ein Ferkel ver-

GLÜCKSSCHWEINE, SPARSCHWEINE, KUSCHELSCHWEINE 91

wandelt wird. Wie einen Ball wirft die Herzogin das Baby zu Alice, während die Köchin ihr eine Bratpfanne nachwirft. Alice hat Mühe, das Baby zu fangen und auf den Armen zu halten, denn »es war sehr merkwürdig gewachsen, und seine Arme und Beine gingen nach allen Richtungen. ›Wie bei einem Seestern‹, dachte sich Alice. Das arme, kleine Ding schnarchte wie eine Lokomotive, als es bei Alice landete, und krümmte und wand sich zuerst so heftig, daß es Alice kaum festhalten konnte.« Sie beschließt, das Kind mitzunehmen; denn sonst »›haben die es bestimmt in zwei oder drei Tagen umgebracht; wäre das nicht glatter Mord, wenn ich es zurückließe?‹ Den letzten Satz hatte sie laut gesagt, und das kleine Ding grunzte zur Antwort (zu niesen hatte es inzwischen aufgehört). ›Grunz nicht‹, sagte Alice; ›das ist keine schickliche Art, sich auszudrücken.‹ Wieder grunzte das Baby, und Alice sah ihm besorgt ins Gesicht, um zu sehen, ob ihm etwas fehlte. Soviel stand fest: seine Nase war sehr lang und aufgeworfen, eigentlich mehr ein Rüssel als eine rechte Nase; und auch seine Augen waren für ein Baby überaus klein geworden – alles in allem wollte Alice sein Aussehen gar nicht gefallen. ... ›Wenn du etwa zu einem Ferkel werden willst, mein Kleines‹, sagte Alice ernsthaft, ›dann will ich mit dir nichts mehr zu schaffen haben. Sieh dich vor!‹ Das arme, kleine Wesen schluchzte wieder (oder grunzte – das ließ sich einfach nicht entscheiden), und so liefen sie eine Zeitlang schweigend weiter.« Wenig später grunzte das Baby erneut, »und zwar so kräftig, daß Alice ihm recht verstört ins Gesicht sah. Diesmal konnte kein Zweifel mehr sein: in ihren Armen lag ganz einfach ein kleines Ferkel, und Alice fand es lächerlich, sich noch länger mit ihm abzuschleppen. Sie setzte das kleine

Geschöpf also auf die Erde und war recht erleichtert, als es still durch den Wald davontrabte. ›Als Kind wäre es später doch nur grundhäßlich geworden‹, sagte sie sich, ›aber als Schwein macht es sich, glaube ich, ganz hübsch.‹«[3] Und sie denkt kurz über die Möglichkeit nach, auch andere Mädchen aus ihrer Bekanntschaft in Schweinchen zu verwandeln.

Die Szene ist vielschichtig, sie thematisiert beiläufig den bereits erwähnten Zusammenhang zwischen der Aussetzung von Kindern und Ferkelopfern, freilich mit anderer Pointe: Die Ferkel würden hübscher aussehen als kleine Kinder. Sie erinnert aber auch an die seltsame Karriere der Stoff- und Plüschtiere, die an die Stelle von Babypuppen getreten sind: Auch deren Geschichte klingt wie ein Märchen. Im Jahr 1880 begann die Besitzerin eines Kleidergeschäfts in der Nähe von Ulm ihre Filzreste als Nadelkissen zu verkaufen, die in Tiergestalt ausgeschnitten waren. Besonders beliebt wurde ein Filzelefant, freilich nicht bei nähenden Müttern, sondern bei deren Kindern. Sechs Jahre später wurden bereits mehr als fünftausend Elefanten produziert, andere Tiere ergänzten das rasch wachsende Sortiment. Kurz nach der Jahrhundertwende erfand ein Neffe der Firmengründerin einen Stoffbären mit Mohairfell, der 1903 auf der Leipziger Messe erstmals präsentiert wurde. Der Bär war ein Welterfolg – zumal er in den USA rasch mit Präsident Theodore Roosevelt assoziiert wurde, der einen Bären auf der Jagd verschont hatte: zuerst als ›Teddy's Bear‹, dann als ›Teddybear‹. Noch im selben Jahr wurden zwölftausend Bären produziert, vier Jahre später bereits fast eine Million. 1909 verstarb Margarete Steiff, die in fast dreißig Jahren den Aufstieg eines Filzladens zum Weltkonzern erlebt hatte.

Die US-amerikanische Schauspielerin Kate Burton, Tochter von Richard Burton und Sybil Williams, spielt Alice im Wunderland. *Das Baby auf ihren Armen hat sich gerade in ein Ferkel verwandelt...*

Zwei Ferkel begegnen einander.

Matt Cartmill hat diese exemplarische Erfolgsgeschichte als Effekt eines »Bambi-Syndroms« charakterisiert. Die Kinderspielsachen, so bemerkt er, haben im 20. Jahrhundert eine »Tendenz zum Tier« entwickelt: »Als das Teddybärfieber 1906 in den Vereinigten Staaten ausbrach, gab es ernsthafte Debatten über die Auswirkungen, die Stofftiere auf Kinder hätten; manche befürchteten, daß kleine Mädchen, die mit Plüschbären spielten statt mit Puppen, nicht richtig auf ihre Mutterrolle vorbereitet würden.« Seither haben sich die Spielzeugregale in den Kinderzimmern nachhaltig verwandelt, die Stofftiere haben die älteren Spielsachen verdrängt. »Es ist unklar«, betont Cartmill, »weshalb es zu dieser Animalisierung der Kinderkultur gekommen ist, und der Wandel ist bemerkenswert unkommentiert geblieben.«[4] Auch die Schweine eroberten rasch eine wichtige Position im Universum der Kuscheltiere, unterstützt von Filmen wie Walt Disneys *Die drei kleinen Schweinchen,* der am 27. Mai 1933 uraufgeführt und mit einem Oscar für den besten animierten Kurzfilm ausgezeichnet wurde, von der Handpuppe Miss Piggy, die ab 1974 in der *Muppet-Show* Jim Hensons auftrat, zuletzt vor allem von dem außerordentlich erfolgreichen *Schweinchen namens Babe* (1995). Chris Noonans Film hieß im Original schlicht *Babe;* er wurde ebenfalls mit einem Oscar prämiert. Für diesen Film, in dem ein Ferkel, synchronisiert mit Kinderstimme, dem Schlachthof entgeht, weil es sich als Hüterin einer Schafherde bewährt, wurden 48 Ferkel trainiert. James Cromwell, der im Film den Farmer Arthur Hoggett spielt, soll nach dem Ende der Dreharbeiten angeblich zum Veganismus konvertiert sein. Die Filmproduktionsfirma erhielt zahlreiche besorgte Briefe, in denen sich das Publikum nach dem weiteren Schicksal von Babe erkundigte, und in gewisser Hinsicht wirkt der Titel der drei Jahre später gedrehten Fortsetzung fast wie ein Kommentar zum neu erwachten ökologischen Bewusstsein und zur wachsenden Naturverbundenheit urbaner Milieus: *Schweinchen Babe in der großen Stadt.*

Schweinekuren, Schweineversuche

Bleiben wir noch kurz beim Film. In der fünfzehnten Folge der ersten Staffel der TV-Serie *Dr. House* mit dem Titel »Solche Leute bitte nicht« (2005) geht es um die rätselhaften Zusammenbrüche des Mafia-Gangsters Joey Arnello, der als Kronzeuge der Staatsanwaltschaft gegen seine Auftraggeber aussagen soll. Nach mehreren erfolglosen Therapieversuchen weist eine Leberbiopsie auf eine Vergiftung hin; daher beschließt der exzentrische House, das Blut des Mafioso durch die Leber eines Schweins zu filtern. Das Schwein wird narkotisiert und neben den Gangster in ein Krankenbett gelegt. Die Botschaft ist evident: Das Schwein gesellt sich zum Schwein, und zumindest vorübergehend verwandelt sich der Operationsraum in einen Schweinekoben.

Die physiologischen Ähnlichkeiten zwischen Schweinen und Menschen wurden früh wahrgenommen. Sie motivierten Vivisektionen von Schweinen, wie sie bereits der griechische Arzt Galen im zweiten nachchristlichen Jahrhundert vorgenommen haben soll, das Titelkupfer seiner *Opera,* die 1547 in Venedig gedruckt wurden, zeigt am unteren Bildrand einen solchen Eingriff vor den Augen einer ganzen Schar umherstehender Gelehrter. Darüber hinaus dienten verschiedene Teile des Schweins als volksmedizinische Arzneien, die mehr oder weniger direkt auf magische Vorstellungen bezogen werden können. Noch in Johann Heinrich Zedlers *Universallexikon* von 1743

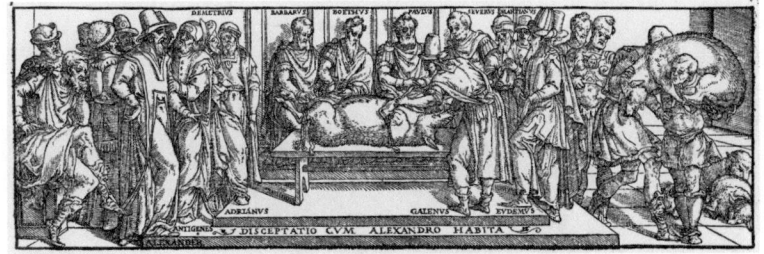

Vivisektion eines Schweins: Frontispiz der venezianischen Werkausgabe des griechischen Arztes Galenos (gedruckt im Jahr 1547).

werden folgende Schweinsrezepte empfohlen: »An dem Kopfe um die Ohren befinden sich einige ganz weisse mürbe Beinlein, die eine besondere, und bis daher heimlich gehaltene Kraft wider die fallende Sucht haben. Das Gehirn, den Kindern an die Gaumen gerieben, befördert das Ausbrechen der Zähne. Die Lunge gebraten, und nüchtern gegessen, soll der Trunckenheit wehren. Die Blase gepülvert und eingenommen, soll denen gut seyn, so das Wasser nicht halten können. Die Knochen aus dem Fuß weiß gebrannt, und gepülvert, dienen für die Darmgicht. Die Klauen zu Aschen gebrannt, und als ein Zahnpulver gebraucht, befestiget die Zähne; in Wein eingenommen, sollen sie die rothe Ruhr vertreiben, und denen gut seyn, die das Wasser nicht halten können. Der Koth frisch in die Nase gerieben, vertreibet die Colica; in Baumwolle gewickelt und aufgeleget, soll er das Flüssen des Blutes stillen, es sey, an welchem Orte und aus was für Ursachen es wolle; auf den Magen geleget, soll er das Erbrechen stillen.«[1] Zedlers Liste ließe sich mühelos verlängern: »Um ein Kind vom Keuchhusten zu befreien, sollte man es vor Sonnenaufgang in den Schweinestall führen und

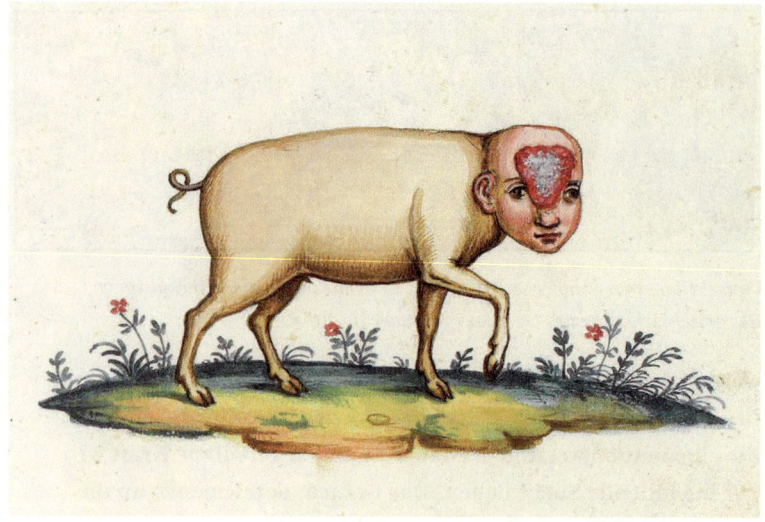

In seiner einflussreichen Monstrorum Historia *von 1642 präsentiert Ulisse Aldrovandi ein Schwein mit Menschengesicht (oder einen Menschen mit Schweinekörper). Auf dem Gesicht prangt eine ›crista‹, ein ›Kamm‹.*

in den Schweinetrog beißen lassen. ... Der Darm eines frisch geschlachteten Schweines, um den Leib des Kranken gewickelt, helfe gegen Kurzatmigkeit.«[2]

Die medizinische Nützlichkeit der Schweine darf freilich nicht auf geheimnisvoll wirkenden Analogiezauber reduziert werden. Noch bis vor wenigen Jahren behandelte man beispielsweise Millionen von Menschen, die an Diabetes litten, mit Insulin, das aus den Bauchspeicheldrüsen von Schweinen gewonnen wurde.[3] Schweineinsulin unterscheidet sich nur geringfügig von Humaninsulin, daher haben sich erst nach der

Wende zum 21. Jahrhundert allmählich Präparate mit synthetischem Insulin durchgesetzt. Auch in der Transplantationsmedizin gelten Schweine – und nicht Primaten – als vielversprechende Kandidaten: Schweineherzklappen bilden heute schon Alternativen zu mechanischen Implantaten, und auch die Transplantation von Schweineherzen wäre technisch ebenso möglich wie die Unterdrückung von Abstoßungsreaktionen mithilfe von genetischen Eingriffen. Kurzum, die »Geschichte der Beziehung zwischen Schwein und Mensch stößt allein schon durch die Möglichkeit einer erfolgreichen Organtransplantation vom Schwein zum Menschen in völlig neue Dimensionen vor, die manchen vielleicht beim bloßen Gedanken daran schaudern lassen und an die als Chimären bezeichneten Fabelwesen der griechischen Sage erinnern oder auch Assoziationen mit manchen modernen Horrorgeschichten wachrufen. Andererseits wird ein Mensch, sofern das in Zukunft möglich sein sollte, ein Weiterleben mit Schweinsorganen seinem frühen Tod vielleicht doch vorziehen.«[4] Neuerlich erschreckt die Ähnlichkeit von Schweinen und Menschen – und verstärkt die tiefe und spannungsreiche Ambivalenz, der wir bereits mehrfach begegnet sind. Schweine sind uns nah und fern zugleich.

Düsterer als die Spekulationen über jene ›Schwein-Mensch-Chimären‹, die in der Volksmedizin mit Behandlungsempfehlungen wie Schweinsaugen gegen Blindheit oder Schweinsblasen gegen Inkontinenz ohnehin vorausgesetzt wurden, sind indes die ungezählten Tierversuche, die an Schweinen, gerade weil sie den Menschen ähnlich sind, praktiziert wurden. Dabei wirken die forensischen Experimente an toten Schweinen oder die Übungen eines Tätowierers auf Schweinshäuten harmlos, verglichen mit der Geschichte militärischer Tierversuche. Bei den Atombombentests auf den Bikini-Atollen wurden mehrfach Schweineherden bei lebendigem Leib verbrannt und verkohlt, um die Auswirkungen der Kernexplosion studieren zu können. Auch sollte herausgefunden werden, ob und wie lange Schweine nach einem Atombombeneinsatz noch risikofrei verzehrt werden können. Bis in die siebziger und achtziger Jahre war es möglich, Schweine als ›lebende Zielscheiben‹ zu verwenden: »Soldaten schossen auf Bäuche und Hinterläufe der aufgehängten (!) Tiere. Zum Zwecke der Erprobung eines Maschinengewehrs schossen Soldaten auf narkotisierte Schweine und fügten ihnen schwere und schwerste Verletzungen zu – um nach deren Erwachen zu beobachten, wie sie leiden und sterben.« Und erst 2010 plante die US-Armee »auf dem Truppenübungsplatz im oberpfälzischen Grafenwöhr folgendes Experiment: Schweine sollten zwecks Sanitätsübungen schwer verwundet und danach getötet werden.«[5] Nach wie vor sind Schweine also die idealen Opfertiere: Anders als Hunde, Pferde, Kamele oder Elefanten können sie nicht aktiv im Krieg eingesetzt werden, sondern nur als Schlachtvieh. Dieser Befund ist insofern paradox, als Schweine in der Kriegspropaganda besonders gern als martialische Verkörperungen der jeweiligen Feinde dargestellt werden.

Schweine sind prädestiniert für ihre Tötung. Genau in dieser Funktion werden sie genutzt, nicht nur für militärische, sondern auch für zivile Forschungszwecke – von der Kosmetik bis zum Katastrophenschutz. Vor einigen Jahren hatten Forscher der Veterinärmedizinischen Universität Innsbruck lebende Schweine im Schnee vergraben, »um sie beim Erfrieren bzw. Ersticken zu beobachten. Je nach Größe der Atemhöhle erstreckte sich die Beobachtung über Minuten oder Stunden. Nach ihrem Ableben wurden die Schweine zerteilt, und man entnahm ihnen Gewebeproben.«[6] Bei diesen Experimenten sollte herausgefunden werden, wie die Überlebenschancen von Lawinenopfern erhöht werden könnten. Der Forschungszweck ist legitim, aber die Mittel? Die Zahl der Schweine, die in Deutschland bei Tierversuchen getötet wurden, schwankt zwischen 12 000 und 16 000, 2013 waren es 12 863 Tiere, 2012 belief sich die Zahl aber auf 16 310. Eine Statistik für alle EU-Länder beziffert die Gesamtzahl der Schweine, die im Jahr 2011 bei Tierversuchen getötet wurden, auf 77 280. Die Zahlen wirken hoch, doch erscheinen sie niedrig, sobald sie mit den Verzehrraten verglichen werden: Im Jahr 2012 wurden in Deutschland mehr als 58 Millionen Schweine geschlachtet.

Indischer Wildeber im Dschungel, nicht ganz so imposant wie die mythischen Eber der Antike.

Schwein und Fleisch:
Porcile und Pigtopia

Vermutlich gibt es nur drei Arten, ein Tier in gesellschaftlich regulierter und anerkannter Form zu töten: auf der Jagd, im Rahmen von Opfern, kultischen Ritualen und Spielen oder bei Schlachtungen. Gewiss haben sich diese drei Formen gelegentlich überlagert und doch sind sie charakteristisch für drei unterschiedliche Lebensformen der menschlichen Gattung. Die Jäger und Sammlerinnen haben Tiere kaum jemals geopfert, in den Agrargesellschaften blieb dagegen die Jagd meist einer kleinen Elite vorbehalten. Die technisch optimierte und mechanisierte Massenschlachtung von Tieren kann schließlich als Merkmal der industriellen Moderne betrachtet werden. Das Tieropfer bildet die historische Mitte zwischen Jagd und Schlachtung, insofern ist nicht verwunderlich, dass es sowohl mit der Jagd als auch mit der Schlachtung bestimmte Eigenschaften teilt. Spezifische Rituale der Entschuldung verbinden das Opfer mit der Jagd, die in kultischen Spielen auch nachgestellt werden kann, und im Rahmen der Tieropfer werden häufig öffentliche Schlachtungen durchgeführt. Gejagt wurden wildlebende Tiere, geopfert wurden in den meisten Fällen Haustiere. Geschlachtet werden dagegen in den spätindustriellen Gesellschaften alle Tiere gleichermaßen: Im Blick auf die Fleischverwertung spielt die Differenz zwischen wilden und domestizierten Tieren beinahe keine Rolle mehr. Die Haustiere der agrarischen Lebensformen sind seit mehr als hundert

Jahren verschwunden, sie haben sich gleichsam diversifiziert: in Nutztiere, zu denen die Menschen keine persönlichen Beziehungen unterhalten, und in Schoßtiere, die wiederum fast keinen Anforderungen der Nützlichkeit genügen müssen.

Von der Jagd auf Wildschweine erzählten bereits Homer und Ovid, dabei musste die mythische Kampfkraft der Eber stets betont und wohl auch übertrieben werden, um den Mut der Helden ins rechte Licht zu rücken. Die Jagd auf den Erymanthischen Eber gehörte – nach dem Kampf mit dem Nemëischen Löwen und der Hydra – zu den zwölf Heldentaten des Herakles, mit denen er den im Wahn erfolgten Totschlag seiner Frau Megara und seiner drei Söhne sühnen sollte. Herakles trieb den Eber aus dem Wald in ein Schneefeld, wo das gewaltige Tier rasch ermüdete. Ein Bruder dieses Ebers verheerte wenig später die Umgebung der ätolischen Stadt Kalydon, er verkörperte die Rache der Göttin Artemis, die bei einer Opferzeremonie übergangen worden war. Der Eber zertrat die Saat, verwüstete die Felder und griff auch die Schafherden, Hirten und Bauern an. Zu seiner Bekämpfung wurden die bedeutendsten Helden Griechenlands zusammengerufen, darunter Iason, Kastor und Polydeukes, die Dioskuren aus Sparta, Theseus und Meleagros, der Sohn des Königs von Kalydon. Das erschreckende Aussehen des Ebers beschrieb Ovid im achten Buch der *Metamorphosen* mit folgenden Worten: »Aus seinen blutunterlaufenen Augen sprüht Feuer, eisenhart ist sein hoher Nacken, und wie ein Wall, wie lange Lanzenschäfte stehen die Borsten. Grunzt er rauh, dann fließt ihm kochender Geifer über die breiten Schultern. Seine Hauer gleichen den Zähnen indischer Elefanten, Blitze schießen aus seinem Rachen, und das Laub verbrennt sein Gluthauch.«[1] Der Eber sei größer und stärker gewesen als die Stiere Siziliens.

Von der heroischen Jagd auf wilde Eber wurde auch in germanischen, irischen oder britischen Sagenkreisen – von der *Edda* bis zum *Beowulf-* und *Nibelungenlied,* zu König Arthur und Gottfrieds *Tristan und Isolde* – gern erzählt. Mit dem wilden Eber konnten sich die Helden durchaus identifizieren. So träumt etwa der Truchseß Meriadoc im Tristan-Epos vom Einbruch eines Ebers in das Schlafgemach des Königs: »Fürchterlich und furchterweckend / rannte er zum Hof des Königs, / schäumend und die Hauer wetzend, / und er attackierte heftig / alles, was er dort erblickte.« Die Ritter und das Gesinde laufen zusammen; doch sind sie ratlos, während der Eber durch die Räume des Palasts tobt. Schließlich gelangt das rasende Tier in das königliche Schlafzimmer, »befleckte mit dem Geifer / das Bett und alles Bettzeug, / das dem Königsbett gebührte.«[2] Der Traum verweist unzweideutig auf Tristan, denn der Held führt seit seiner Schwertleite einen Schild, auf dem ein Eber abgebildet ist: »Wie er auf dem Schild den Eber, / dem es nie an Kühnheit fehlte, / für ihn entwarf und ziselierte«.[3] Wenig später wird der Schild nochmals beschrieben: Er war silberhell poliert, »mit einem Glanz versehn, / wie neugemachtes Spiegelglas. / Ein Eber war drauf appliziert / aus Zobel, schwarz wie Kohle, / meisterhaft und schön geschnitten.«[4] Die Identifikation mit der Kraft und Kühnheit des Ebers lässt sich übrigens an vielen Stellen in der Heraldik entdecken: »Der Eber ist in der Wappenkunde eine weit verbreitete, geradezu klassische Figur. Er erscheint oft in schwarzer Farbe mit abstehenden Klauen und Rückenborsten, aufrecht stehend in kampflustiger Stellung.

Besonders hervorgehoben wurden dabei natürlich die Hauer oder, wie der Jäger sagt, ›Gewehre‹, die gefürchteten Bauchschlitzer, die auf manchen Darstellungen die Größe der oberen Eckzähne eines Säbelzahntigers erreichen konnten. Ein Ritter mit dem steigenden Eber auf dem Schild signalisierte daher dem anreitenden Gegenüber schon mit seinem Waffenzeichen dessen eigentlich unabwendbare Niederlage.«[5]

Spuren der Bezugnahme auf den bewunderten wilden Eber lassen sich übrigens nicht nur in der Wappenkunde entdecken, sondern auch in zahlreichen Ortsnamen: vom oberfränkischen Ebrach bis zur bayrischen Kreisstadt Ebersberg, von Ebersbach in der Oberlausitz bis zum brandenburgischen Eberswalde, dessen Stadtwappen nach wie vor zwei schwarze Eber zeigt. Dass die Eberjagd – bei allen Übertreibungen – nicht ungefährlich blieb, kann auch einem Hinweis aus Conrad Gesners *Thierbuch* von 1565 entnommen werden, in dem es heißt: »Dem wilden Schwein wird mit Jagen nachgestellt von wegen seines Fleisches: Sie werden in unseren Landen mehrentheils zur Winterszeit gehetzt / mit Hunden gejagt / und mit Schweinseissen gefangen / auch manchmal mit Geschoß gefället. Wenn das wilde Schwein eine Wunden / die nicht gantz tödlich / von dem Geschoß oder Schweineisen empfangen / so verletzt oder beschädigt es den Jäger aus grimmigem Zorn / wo er nit auf den nechsten Baum entfleucht / oder sich die Länge zur Erden niederlegt: dann von wegen ihrer krummen Zähne sollen sie den / so sich strack auff Erden hält / nicht tödlich verletzen können / biß die anderen ihm zur Hülffe kommen.«[6]

Die Jagd auf den Erymanthischen oder Kalydonischen Eber wurde noch mühsam mit Speeren, Lanzen und Pfeilen geführt,

Zwei Wildschweine begegnen einander in Conrad Gesners Thierbuch *(Druckausgabe von 1583).*

erst die Verbreitung der Schusswaffen machte die Jagd auf Eber und Wildschweine zum aristokratischen Zeitvertreib, zum Exzess »fröhlicher Mordsucht«, wie Goethe in seinem Gedicht *Harzreise im Winter* vom Dezember 1777 formulierte. Soviel verraten die Zahlen: »Exakt 116 106 Kreaturen schoß, fing und hetzte Herzog Johann Georg I., Kurfürst zu Sachsen in seiner Regierungszeit von 1611 bis 1655, darunter allein 3192 Wildschweine, und selbst die von ihm erlegten 27 Igel sind in der Jagdstatistik des Hofes noch fein säuberlich registriert worden. Exakt 5128 Stück Wild, darunter allein 330 Wildschweine, ließ der Schubart-Herzog Karl Eugen von Württemberg für seine Geburtstagsjagd am 20. Februar 1763 aus den einzelnen Forsten seines Machtbereichs für ein gar ergötzliches Massakrieren zusammentreiben und in Käfigen herantransportieren, und zwar ohne Rücksicht auf die Schonzeit. Noch zu Anfang des 19. Jahrhunderts war die Jagd ausschließlich Privileg der

Peter Paul Rubens (1577–1640) hat die Jagd auf den Kalydonischen Eber als Spektakel gemalt, das die antike Überlieferung ein wenig relativiert.

Landesherren und höheren Stände und somit in erster Linie des Adels und der hohen Geistlichkeit.«[7] Nicht umsonst erhoben sich ab dem 16. Jahrhundert die ersten Stimmen der Kritik. Erasmus von Rotterdam tadelte im *Lob der Torheit* die Schlächterei des Jagens und die Dummheit der Aristokraten, »denen das Höchste die Jagd ist, und die behaupten, es tue ihnen unglaublich wohl, wenn jenes abscheuliche Tuten der Hörner und das Geheul der Meute losgeht – ich glaube auch, der Kot der Hunde duftet ihren Nasen wie Zimt«.[8] Thomas Morus erklärte in seiner *Utopia,* das »Geschäft des Jagens« sei »eine der Freien unwürdige Beschäftigung«, da der »Jäger einzig und allein im Morden und Zerfleischen des armen Tieres sein Vergnügen sucht«[9], und Michel de Montaigne betonte 1580 in den *Essais:* »Nie vermochte ich für mein Teil auch nur die Verfolgung und Tötung eines unschuldigen Tiers ohne Schmerz mit anzusehn, das wehrlos ist und uns nichts zuleide getan hat. ... Menschen, die blutrünstig gegenüber Tieren sind, beweisen damit einen angebornen Hang zur Grausamkeit.«[10]

Solche Sensibilität hat sich im Prozess der Industrialisierung nicht behauptet. Zwar sind die Tiere seit der beschleunigten Revolution der Medien in ein immer weiter ausgedehntes Universum des Imaginären eingezogen, sie sind allgegenwärtig in Filmen und Medien, in Kunstausstellungen und Diskursen der Animal Studies, in Kinderzimmern und in der Werbung. Doch angesichts ihrer Präsenz lässt sich leicht vergessen, dass gerade jene Tiere, die seit Jahrtausenden mit den Menschen lebten – nämlich die Haustiere –, aus allen konkreten Lebens- und Arbeitskontexten der Moderne verdrängt wurden. Die Rinder wurden durch Traktoren ersetzt, durch Mähdrescher und andere landwirtschaftliche Maschinen, die Ziegen und Schafe durch die Produktion synthetischer Bekleidung. Die Kavallerie wurde gegen Panzerdivisionen ausgetauscht; und zunehmend wurden die ehemals militärisch idealisierten Pferde zu Zugtieren degradiert, die allenfalls jene Gulaschkanonen schleppen durften, in denen sie bei Bedarf gekocht und an die Soldaten verfüttert werden konnten. Die Kutschen wichen den Eisenbahnen und Automobilen, die Lasttiere den Kränen und Baggern, die Brieftauben den Computern und Telefonen. Wollten wir die Grundtendenz des Modernisierungsprozesses in gebotener Knappheit erfassen, so müssten wir sie als fortschreitende Eliminierung der Haustiere durch Maschinen beschreiben. Diese gesellschaftliche Verdrängung reduzierte die Tiere schlagartig auf eine einzige Funktion, die noch kein Wild- oder Haustier jemals zuvor in vergleichbarer Größenordnung erfüllen musste: auf die Funktion des Massenschlachtviehs. Sobald die Tiere nicht mehr gebraucht wurden, konnten sie verzehrt werden. Alle Züchtungsinteressen ließen sich auf einen einzigen Nenner bringen, sobald einmal feststand, dass die Haustiere nichts anderes mehr leisten sollten, als möglichst rasch dick und fett zu werden, um als bratfertige Steaks oder Würste in der Pfanne landen zu können. Schlachttiere – und erst recht die Schweine, die von vornherein zur Tötung bestimmt waren – sind keine Haustiere mehr. Sie werden nicht genutzt, sondern unter grausamen Bedingungen verbraucht, sie wohnen nicht in Häusern, werden nicht wahrgenommen oder benannt.[11] Zu Beginn ihres Thrillers *Abendruh* schrieb Tess Gerritsen: »Meine Kindheit auf dem Bauernhof hatte mich gelehrt, dass man einem Tier, das für die Schlachtbank bestimmt ist, nie einen Namen geben darf. Stattdessen sprach man von Schwein Nummer eins oder Schwein Nummer zwei, und man sah ihm niemals in die Augen, um nur ja nicht so etwas wie ein Bewusstsein, eine Persönlichkeit oder gar Zuneigung darin erkennen zu müssen. Wenn ein Tier einem vertraut, braucht es wesentlich mehr Entschlossenheit, ihm die Kehle durchzuschneiden.«[12]

Mitte August 1969 wurde das Woodstock-Festival veranstaltet. Eine Woche davor hatte die Manson-Family das Massaker an Sharon Tate und ihren Gästen verübt; Susan Atkins hatte mit dem Blut der hochschwangeren Schauspielerin das Wort ›PIG‹ an die Haustür geschrieben. Im selben Jahr drehte Pier Paolo Pasolini, kurz nach *Teorema,* einen düsteren, allegorischen Film, basierend auf den Theaterstücken *Porcile* (1966) und *Orgia* (1968): *Der Schweinestall* wurde in wenigen Wochen mit kleinem Budget produziert. Er versammelte allerdings eine Reihe bedeutender Darsteller aus dem Umkreis der Nouvelle Vague: Anne Wiazemsky, die Heldin Robert Bressons aus *Zum Beispiel Balthazar* (1966), die schon die Rolle der Odetta in *Teorema* gespielt hatte, Jean-Pierre Léaud, den Lieblingsschauspieler Truffauts, Ugo Tognazzi und Marco Ferreri, die vier Jahre nach *Der Schweinestall* in *Das große Fressen* ein verwandtes Thema verhandelten. Pasolinis Film handelt vom Fressen und Gefressenwerden. Zwei Handlungsstränge werden ineinander verflochten: die Geschichte eines jungen Mannes (Pierre Clémenti), der in einer wüsten Vulkanlandschaft umherzieht, zum Kannibalen wird und zuletzt den wilden Tieren geopfert wird, und die Geschichte eines bundesdeutschen Haushalts, geprägt von den Kontrasten zwischen Protestbewegungen und der neuen Allianz von Kapitalisten und NS-Verbrechern. Julian

Auf dem Gemälde von Isaac van Ostade (1621–1649) hängt das geschlachtete Schwein am ›Kreuzholz‹ wie in Hofmannsthals Erstfassung des Dramas vom Turm.

(Jean-Pierre Léaud), Protagonist der zweiten Geschichte, verweigert sich beiden Seiten, er entzieht sich sogar dem Mädchen Ida (Anne Wiazemsky), das ihn zu lieben bekennt. Am Ende wird er von den Schweinen aufgefressen, denen seine einzige erotische Zuneigung galt. Der Regisseur verstand den Film als eine autobiografisch inspirierte, grausam-sanfte Parabel, ein »Petrarca-Sonett über ein Thema von Lautréamont«. Als »vereinfachte Botschaft des Films« resümierte Pasolini: »Die Gesellschaft, jede Gesellschaft, frißt sowohl ihre ungehorsamen Kinder, als auch die Kinder, die weder gehorchen noch nicht gehorchen.«[13]

Für Pasolini waren die Schweine einerseits Symbole der Bourgeoisie (im Sinne von Brecht oder Grosz), andererseits Symbole einer archaischen Gegenwelt, die sich dem Zwang zur Industrialisierung und Kapitalisierung widersetzt. Mit den Schweinen verband sich für ihn die Ambivalenz der Barbarei: als Welt nach der Zivilisation, aber auch als Welt vor der Zivilisation. »Der Ausdruck Barbarei, das geb' ich gern zu, ist der Ausdruck, den ich am meisten liebe. Denn in meiner ethischen Logik ist die Barbarei der Zustand, der der Zivilisation, unserer Zivilisation, vorausgeht: der des gesunden Menschenverstands, der Vorsorge, der Ausrichtung auf die Zukunft. Ich weiß, das mag irrational und sogar dekadent erscheinen. Die primitive Barbarei hat etwas Reines, etwas Gutes: Ihre Brutalität tritt nur in seltenen, außergewöhnlichen Situationen zutage.«[14] Die Opposition gegen den Kapitalismus offenbart sich als Kannibalismus: »Der Kannibalismus ist ein semiologisches System. Man muß ihm hier seine volle allegorische Bedeutung zurückgeben: Symbol zu sein für eine Revolte, die mit äußerster Konsequenz betrieben wird. Das Geheimnis des zweiten Helden, das ihn mit dem mystischen Universum kommunizieren läßt, durch das er sich dem Einfluß seiner bürgerlichen Familie, der Autorität seines Vaters, des Industriekapitäns, teilweise entziehen kann, ist seine Liebe zu den Schweinen. Es ist eine symbolische Liebe, ein dem Kannibalismus analoges Symbol. Mit einem Unterschied: der Kannibalismus ist das Symbol der absoluten Revolte, die an die schrecklichsten Zustände der Heiligkeit heranreicht, während die Liebe zu den Schweinen – eine letzthin mögliche Liebe – auf halbem Weg stehenbleibt.«[15] Der Schweinestall symbolisiert die Gesellschaft und zugleich das Zentrum des Widerstands, des Martyriums, des Opfers, der Einwilligung, selbst aufgefressen zu werden.

Schweine sind uns nah und fern zugleich. Liebe und Erschrecken, Ähnlichkeit und Feindschaft, Fressen und Gefressenwerden: Poetische und visuelle Ambivalenzen begleiten die Wahrnehmung schwindender Demarkationen auch in neueren literarischen Texten, etwa in Kitty Fitzgeralds *Pigtopia*. Im Mittelpunkt dieses Romans steht Jack Plum, ein junger Mann mit deformiertem Kopf, der sich den Schweinen näher und verwandter fühlt als den Menschen: »Schweine und ich, wir wissen, dass uns Grenzen fehlen.«[16] Jack ist der Sohn eines verstorbenen Metzgers, der mit seinen Schlachttieren sympathisierte, und einer alkoholkranken, bösartigen Mutter, die ihn bei jeder denkbaren Gelegenheit schlägt und quält. Jacks Sprache ist ungewöhnlich, eine Kunstsprache, eine Art von Babytalk. Der Roman erzählt, wie Jack sein geheimes Reich – den Schweinepalast oder Schweinstein im Wald – allmählich für das Mädchen Holly Lock öffnet, er berichtet von der Sehnsucht nach einer elementaren Verwandlung. Erst zum Ende des Romans wird dieser Wunsch erfüllt: Während einer grausam intensiven Szene frisst die Schweineherde ihren geliebten Hirten auf. Die enge Beziehung zwischen Schweinen und Menschen wird als Kannibalismus dargestellt: als ein Verzehren aller Unterschiede. Wie können Menschen essen, was sie lieben? Wie können sie nicht essen, was sie lieben? Und wie können sie nicht lieben, was sie essen? Wir essen, was uns fressen wird.

Der »symbolische Tausch« des Todes, den Jean Baudrillard in seinem Hauptwerk analysiert hat,[17] ist eigentlich ein materieller Tausch, ein metabolischer Tausch, der als Stoffwechsel allen ökonomischen Operationen zugrundeliegt. Im Vollzug dieses Tauschs können Opferrituale zu Fleischverboten konvertiert werden, und die Liebe zur Schlachtung. So wird die Schweinezüchterin Emma ihren todkranken Geliebten auf die bewährte Art und Weise von seinen Schmerzen erlösen: »Da zückte Emma das scharfe lange Messer und schnitt endlich ohne zu zögern mit einer einzigen, schnellen, präzisen Bewegung Max' Kehle durch. Er schrie kurz auf, dann wurde er ruhig. Emma zitterte vor Furcht und Entsetzen. Sein Blut schoss aus der Wunde, sie hielt ihn fest. In Tränen aufgelöst zählte sie: ›Eins, zwei, drei, vier, fünf, sechs, sieben, acht.‹ Emma hatte solche Angst gehabt, daß er es anders empfinden würde als die Schweine. Eine solche Angst! Aber nun lag er still in ihren Armen, sein Blut rann auf den Steinboden und versickerte zwischen den Platten.«[18] Die Erzählung erschreckt aufs Neue, weil sich in ihr Mensch und Schwein im Sterben besonders nahekommen. Zugleich wirkt sie anachronistisch. Die Wirklichkeit sieht anders aus: Massentierhaltungspraktiken, Schlach-

Lovis Corinth: Portrait eines geschlachteten Schweins (1906).

tungen im Akkord, Fehler und brutale Misshandlungen der Tiere, wie sie unter höchstem Zeit- und Produktivitätsdruck schwer vermieden werden können. Immer wieder geraten etwa Schweine lebend und bei Bewusstsein in die Brühanlagen, 2013 erlitten nach Presseberichten eine halbe Million Schweine diese Tortur. Die grausamen Details lassen sich leicht nachlesen – etwa in den Reportagen von Gail A. Eisnitz[19] oder auf zahlreichen Websites verschiedener Tierrechtsorganisationen. Nach Angaben des Statistischen Bundesamts in Wiesbaden wurden in Deutschland von Juli bis September 2014 insgesamt 14,7 Millionen Schweine geschlachtet. Aber diese Tiere bleiben unsichtbar. Offen bleibt indes die Frage nach dem Preis, den wir für diese zunehmende Unsichtbarkeit entrichten müssen. *Porcile*, *Pigtopia* oder *Emmas Glück* inszenieren den Alptraum der Umkehrung, die Regeln des Stoffwechsels: Fressen und Gefressenwerden. Doch schon die Brüder Grimm mussten eine Erzählung, die sie in der Erstausgabe ihrer *Kindermärchen* (von 1812) abgedruckt hatten, in späteren Auflagen aufgrund von Protesten weglassen: die Schreckensgeschichte »Wie Kinder Schlachtens miteinander gespielt haben«. »In einer Stadt Franecker genannt, gelegen in Westfriesland, da ist es geschehen, daß junge Kinder, fünf- und sechsjährige, Mägdelein und Knaben mit einander spielten. Und sie ordneten ein Büblein an, das solle der Metzger seyn, ein anderes Büblein, das solle Koch seyn, und ein drittes Büblein, das solle eine Sau seyn. Ein Mägdlein, ordneten sie, solle Köchin seyn, wieder ein anderes, das solle Unterköchin seyn; und die Unterköchin solle in einem Geschirrlein das Blut von der Sau empfahen, daß man Würste könne machen. Der Metzger gerieth nun verabredetermaßen an das Büblein, das die Sau sollte seyn, riß es nieder und schnitt ihm mit einem Messerlein die Gurgel auf, und die Unterköchin empfing das Blut in ihrem Geschirrlein.« Ein fernes Echo dieser grausamen Erzählung können wir noch in Michael Hanekes verstörendem Film *Benny's Video* wahrnehmen.

Auch Hugo von Hofmannsthal tilgte eine Passage aus der Erstfassung seines späten Trauerspiels *Der Turm* von 1924, in der Sigismund, der verstörte Sohn des Königs Basilius, eine fast schon blasphemische Beziehung zwischen einem geschlachteten Schwein und dem Gekreuzigten herstellt: »Weißt du noch das Schwein das der Vater geschlachtet hat, und es schrie so stark und ich schrie mit – und wie ich dann kein Fleisch hab anrühren können, und hättet ihr mir mit Gewalt die Zähn aufgebrochen, auch nicht. Dann ist es an einem Kreuzholz gehangen, im Flur an meiner Kammertür; das Innere so finster, ich verlor mich darin. – War das die Seele, die aus ihm geflohen war in dem letzten schrecklichen Schrei? und ist meine Seele dafür hinein in das tote Tier?«[20] Imitatio porci? Auf den eindrucksvollen Gemälden des im 17. Jahrhundert jung verstorbenen niederländischen Malers Isaac van Ostade kann ein solches ›Kreuzholz‹ deutlich erkannt werden. Das Schwein ist das Opfertier schlechthin; doch niemand will allzu genau wissen, wohin unsere Seelen fliehen.

Jagdwild, Opfertier, Schlachtvieh: Schweine sind uns nah und fern zugleich. Wer eine Genealogie der Ambivalenz entwerfen wollte, braucht nur die Geschichte der Schweine studieren. Und in ihr den Widerspruch zwischen dem Überfluss des Imaginären, der Allegorien, Sprichworte, Bilder und Artefakte – und der zunehmenden Unsichtbarkeit der Schlachthöfe und Massentierhaltungspraktiken. Einer gesteigerten Sichtbarkeit entspricht eine außerordentliche Blindheit, ein vergessener und verdrängter Alltag der Grausamkeiten, zugleich aber auch eine diffuse Angst und Schuld, die sich in Alpträumen, aber auch im exemplarisch wiederkehrenden Thema des Kannibalismus zu manifestieren pflegt. Welchen Regeln des Stoffwechsels sind wir selbst unterworfen? Wie können wir essen, was wir lieben? Wie können wir nicht essen, was wir lieben? Und wie können wir nicht lieben, was wir essen? Wir essen, was uns fressen wird.

Portraits

Die Zahl der Arten, in die sich die Familie der Suidae, der ›echten Schweine‹, gliedern lässt, schwankt. Unklar ist, wo die Grenzen zwischen Arten und Unterarten verlaufen und nach welchen Kriterien sie gezogen werden sollen; so nennt etwa der Wissenschaftstheoretiker und Ethologe Franz M. Wuketits in seinem 2011 erschienenen Buch über *Schwein und Mensch* insgesamt zwölf Arten: »Wildschwein (*Sus scrofa*), Zwergwildschwein (*Sus salvanius*), Javanisches Pustelschwein (*Sus verrucosus*), Celebes-Pustelschwein (*Sus celebensis*), Indonesisches Pustelschwein (*Sus bucculentus*), Bartschwein (*Sus barbatus*), Hirscheber (*Babyrousa babyrussa*), Flussschwein (*Potamochoerus porcus*), Buschschwein (*Potamochoerus larvatus*), Riesenwaldschwein (*Hylochoerus meinertzhageni*), Warzenschwein (*Phacochoerus africanus*), Wüstenwarzenschwein (*Phacochoerus aethiopicus*).« Doch er fügt gleich hinzu, dass die »Artgrenzen in der Zoologie oft fließend sind und man bestimmte ›Tierformen‹, je nach Gesichtspunkt, als Arten oder auch bloß als Unterarten klassifizieren kann.«[1] Nicht umsonst wird das Artenproblem in der Biologie so häufig kontrovers diskutiert.

Ich habe mich dafür entschieden, in den folgenden Portraits keine Schweinearten, sondern Schweinerassen zu kommentieren, die als Nachfahren der eurasischen Wildschweine und der domestizierten Hausschweine betrachtet werden müssen. Denn sie haben nicht nur unsere kulturellen Bilder vom Schwein nachhaltiger geprägt als etwa die afrikanischen Schweinearten, sondern meist auch mit extrem reduzierter Lebensdauer und Lebensqualität für diese ›Kulturalisierung‹ bezahlt. Inzwischen sind übrigens viele Schweinerassen, die auf den nachstehenden Seiten präsentiert werden, vom Aussterben bedroht, wie die zum Jahresende 1981 im niederbayerischen Rottal gegründete Gesellschaft zur Erhaltung alter und gefährdeter Haustierrassen regelmäßig betont. Auf ihrer ›Roten Liste‹ stehen etwa das Angler Sattelschwein, das bunte Bentheimer Schwein, das Schwäbisch-Hällische Schwein oder manche Wollschweine. Insofern können die zwölf Schweineportraits auch als Beiträge zu einer Art von ›Memorial Hall‹ gelesen werden.

Angler Sattelschwein
Sus scrofa domestica

Angeln saddleback
L'angler sattelschwein

Das Angler Sattelschwein verdankt seinen Namen einerseits dem Herkunftsort, andererseits seiner Zeichnung. Ab 1880 wurden diese Hausschweine auf der Halbinsel Angeln – zwischen der Ostsee und der Flensburger Förde – gezüchtet, ihre Haut ist schwarz pigmentiert, mit einem weißen Streifen in der Gürtelzone. Zu den ›Vorfahren‹ des Angler Sattelschweins gehören insbesondere die englischen Sattelschweine aus Wessex. Ab 1929 wurden die Angler Sattelschweine in Zuchtstammbüchern (sogenannten Herdbüchern) eingetragen und wenige Jahre später als eigenständige Rasse anerkannt. In den fünfziger Jahren waren sie in Norddeutschland, Niedersachsen, Ungarn, Tschechien und sogar Südamerika verbreitet, während man 2011 in Deutschland nur noch siebzig Tiere zählen konnte. Einige Fördervereine und Biobetriebe bemühen sich seither um eine Erhaltung der vom Aussterben bedrohten Rasse. Das Angler Sattelschwein gilt als robust, geeignet für viele Formen der Weide- und Freilandhaltung. Typisch sind seine großen Hängeohren. Der ausgewachsene Eber wiegt rund 350 Kilo, die Sau (mit hohen Ferkelraten und, wie es in den Beschreibungen zumeist heißt, »guten Muttereigenschaften«) etwa 300 Kilo, als schlachtreif gelten die Tiere indes nach einer Schnellmast schon im Alter von sechs Monaten (mit einem Gewicht zwischen 100 und 120 Kilo).

Angler Sattelschwein **123**

Bentheimer Landschwein
Sus scrofa domestica

Bentheim black pied
Bentheimer porc

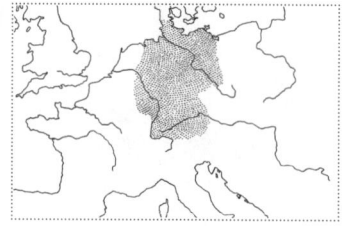

Die Bentheimer Landschweine – oft werden sie mit dem Adjektiv
›bunt‹ charakterisiert – stammen aus dem Umkreis der historischen
Grafschaft Bentheim in Niedersachsen, aus dem Emsland und
dem westfälischen Wettringen. Sie wurden etwa ab Mitte des 19. Jahrhunderts
gezüchtet. Damals begannen die ansässigen Bäuerinnen,
scheckige, gefleckte Rassen zu bevorzugen, die sich von den dominanten
hellen Landschweinen unterscheiden sollten. Die bunten Bentheimer
Schweine sind langgestreckt und mittelgroß und haben Hängeohren.
Ihre Haut ist weiß bis hellgrau, mit vielen unregelmäßigen schwarzen
Flecken. Eine Hochkonjunktur erlebte die Rasse nach dem Zweiten
Weltkrieg; danach verringerten sich die Bestände aber rasch, sodass
die bunten Schweine auszusterben drohten. Zuletzt war es nur ein
einziger Züchter – Gerhard Schulte-Bernd aus Isterberg –, der für ihre
Erhaltung kämpfte. Inzwischen hat sich die Lage deutlich gebessert:
Seit die Gesellschaft zur Erhaltung alter und gefährdeter Haustierrassen
das Bentheimer Schwein zur besonders ›gefährdeten Nutztierrasse
des Jahres 1995‹ erklärt hatte, wurde ein Förderverein gegründet,
ein bundesweites Herdbuch eingeführt und – mithilfe des
Internets – neues Interesse geweckt: 2007 erschien ein Blog, der
im Namen des Bentheimer Ferkels Kurt geführt wurde, unter dem Titel:
»Knut war gestern, heute ist Kurt«. Im August 2014 verzeichnete das
Herdbuch in ganz Deutschland 410 Sauen und 90 Eber.

Bentheimer Landschwein **125**

Berkshire-Schwein
Sus scrofa domestica

Berkshire pig
Porc berkshire

Die Berkshire-Schweine werden als die älteste Schweinerasse Großbritanniens angesehen. Ursprünglich stammten sie aus der Grafschaft Berkshire (heute Oxfordshire), westlich von London, nahe den Städten Faringdon und Wantage. Als die alten Berkshire-Schweine angeblich von Oliver Cromwells Truppen während des Englischen Bürgerkriegs (1642–1649) ›entdeckt‹ wurden, waren sie noch große, rötlich-bunte Schweine mit schwarzen Flecken und Hängeohren; nach Kreuzung mit chinesischen und neapolitanischen Rassen gerieten sie etwas kleiner, mit aufrecht stehenden Ohren, schwarzer Hautfarbe und etwas Weiß auf Gesicht, Füßen und Schwanzspitze. Junge Berkshires sind frech und sehr lebhaft; ihre geraden, kräftigen und weit auseinanderstehenden Beine befähigen sie zu einem guten Lauf. Typisch sind ihr mittellanger, aufgewölbter Rüssel, ein zierlicher, faltenloser Hals, eine gerade Bauchlinie und geschwungene Schultern. Auch die Berkshire-Schweine gehören zu den gefährdeten Haustieren: 2008 wurde im Herdbuch ein Gesamtbestand von 359 Sauen und 89 Ebern verzeichnet; in Deutschland leben etwa sechzig Berkshires. George Orwells *Farm der Tiere* schildert übrigens den machthungrigen, grausamen Napoleon – das symbolische Pendant zu Josef Stalin – als stämmigen, wild aussehenden Berkshire-Eber.

Chato Murciano
Sus scrofa domestica

Chato murciano
Chato murciano

Der Name dieser Schweinerasse bezieht sich auf deren Rüssel – chato bedeutet ›kurznasig‹ – und auf ihre Herkunft aus Murcia, einer Stadt und Provinz im Südosten Spaniens. Das Chato Murciano ist robust und genügsam; es kann leicht mit Nahrungsabfällen und Nebenprodukten eines Hofs ernährt werden – und ist insofern auch ein ideales ›Stadtschwein‹. Seine Hautfarbe ist zumeist schiefergrau; die großen Ohren sind nach vorn und außen geneigt. Es erreicht mittlere Größen: Ein ausgewachsener Eber wiegt zwischen 123 und 138 Kilo, eine Sau zwischen 113 und 129 Kilo. Im Gegensatz zu den manchmal widerspenstigen Berkshires ist das Chato Murciano – trotz seines groben Erscheinungsbilds – ein ausgesprochen gutmütiges Schwein. Noch 1865 lebten in der Region rund 50 000 Schweine, ihr aromatischer Speck und das magere Fleisch wurden wiederholt gerühmt. Dennoch war auch das Chato Murciano zum Ende des vergangenen Jahrhunderts nahezu ausgestorben; Experten des Centro de Investigación en Economía y Desarrollo Agroalimentario schätzten die Gesamtzahl der damals lebenden Chato-Murciano-Schweine auf etwa vierzig Tiere. Ab 1999 ergriff die spanische Regierung daher verschiedene Förder- und Marketing-Maßnahmen, um den Fortbestand der alten Schweinerasse zu sichern.

Duroc-Schwein
Sus scrofa domestica

Duroc pig
Duroc

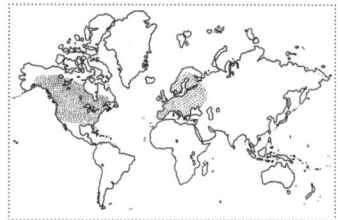

Das Duroc-Schwein stammt aus dem Nordosten der USA, wo sich um 1800 diverse Populationen roter Schweine verbreitet hatten. Ihre Herkunft ist unklar; manchmal wurden sie auf Tiere zurückgeführt, die von der Küste Guineas – im Zuge des Sklavenhandels – importiert worden waren. Aus Kreuzungen zwischen den ›Jersey Reds‹ und den älteren ›New York Reds‹ entstanden um 1830 die Durocs mit ihrer typisch rostroten Farbe. Angeblich war es Isaac Frink, der die roten Schweine 1823 bei einem Besuch der Farm von Harry Kelsey (im Staat New York) erworben hatte; dabei wollte er ursprünglich einen berühmten Traberhengst besichtigen, der den Namen ›Duroc‹ trug. Die neue Zuchtlinie der roten Schweine wurde nach diesem Hengst benannt. Heute werden Durocs fast in allen US-Bundesstaaten gezüchtet; sie gelten als besonders ruhige und friedfertige Schweine. Die Duroc-Schweine sind mittelgroß, mit kleineren, nach vorn geneigten Ohren. Kopf und Brust sind breit, ebenso wie der muskulöse, leicht gewölbte Rücken; die Beine sind kräftig und gerade. Durocs sind so robust, dass sie sowohl im Winter als auch im Sommer im Freien gehalten werden können. Die Eber erreichen ein Gewicht von bis zu 150 Kilo, die Sauen bis zu 140 Kilo. Die erste DNA-Sequenz eines Schweins verdanken wir übrigens einer Duroc-Sau namens T. J. Tabasco.

Duroc-Schwein

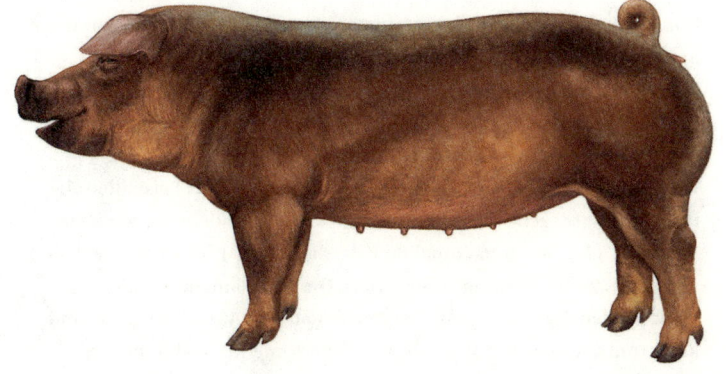

Kune Kune
Sus scrofa domestica

Kune Kune pig
Kunekune

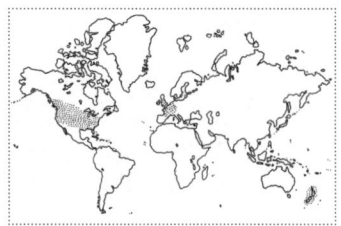

Kune Kune, so heißen die Schweine der Maori auf Neuseeland; in ihrer Sprache bedeutet dieser Name schlicht ›fett und rund‹. Wie diese kleinen Schweine nach Neuseeland gekommen sind, bleibt ungewiss. Die Maori selbst behaupten, sie hätten sie mit Kanus von den polynesischen Inseln geholt. Es wäre aber auch möglich, dass sie in Walfänger-Schiffen – aus China oder Südostasien – als Frischfleischreserve mitgebracht wurden. Die Kune Kune sind kleine pummelige Tiere, der Eber wiegt maximal 60 Kilo, die Sau 50 Kilo. Charakteristisch sind zwei Zäpfchen unter ihrem Kinn. Die Beine sind kurz, die Haut ist mehrfarbig, und die Borsten sind dicht. Auch die Ohren sind klein und der Schwanz niemals geringelt. Kune Kune können sich notfalls nur von Gras ernähren. Sie sind als außerordentlich freundliche, liebenswürdige Tiere bekannt. Die Maori verzehrten ihre Schweine nur bei festlichen Gelegenheiten, ansonsten verwendeten sie deren Speck, um Trockenfleisch zu konservieren. Zu Beginn der neunziger Jahre wurden die ersten Kune Kune nach Großbritannien exportiert, inzwischen hat sich diese exotische Schweinerasse, die lange Zeit vom Aussterben bedroht war, in Irland, Frankreich, in den Niederlanden und USA verbreitet. Zunehmend werden die Kune Kune auch als Freiland-Heimtiere gehalten.

Large White
Sus scrofa domestica

Large White
Large White

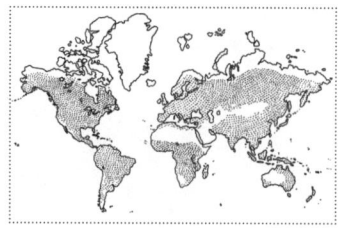

Das Large White stammt ursprünglich aus Yorkshire in Nordengland; es wird daher auch als Yorkshire Pig bezeichnet. Spätestens seit dem Ende des 19. Jahrhunderts hat sich diese Schweinerasse jedoch auf der ganzen Welt verbreitet. Das Large White repräsentiert gleichsam das ›Bilderbuchschwein‹: Zahlreiche Bilder und populäre Filme – von Schweinchen Dick, Miss Piggy und Schweinchen Babe, bis zu den tätowierten Schweinen auf der Art Farm von Wim Delvoye – beziehen sich eigentlich auf dieses Schwein; und wenn Kinder aufgefordert werden, ein Schwein zu zeichnen, kommt ihnen gewöhnlich dieses prototypische ›Vorbild‹ in den Sinn. Die ersten Large Whites wurde auf der Windsor Royal Show im Jahr 1831 vorgestellt, das erste Herdbuch wurde 1884 angelegt. Gezüchtet wurde das Large White für die Freilandhaltung, heute finden sich Large-White-Populationen eher in den berüchtigten Schweinefarmen, sofern sie nicht längst schon durch neuere Hybridzüchtungen ersetzt wurden. Das große und muskulöse Large White hat einen langen Kopf, große Stehohren, einen leicht geschwungenen Rücken und einen hoch ansetzenden Ringelschwanz. Die Haut ist hellrosa und erinnert in ihrer Beschaffenheit an die menschliche Haut, die Beine sind kräftig, gerade und weit auseinanderstehend.

Large White **135**

Mangalitza-Wollschwein
Sus scrofa domestica

Woolly pig (Mangalitza pig)
Porc laineux

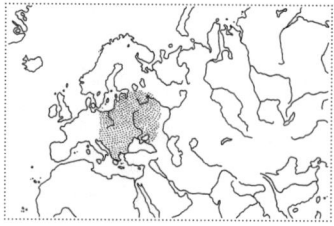

Die Mangalitza- oder Mangalica-Schweine stammen aus Ungarn, vermutlich aus Kreuzungen mit serbischen, rumänischen und bulgarischen Schweinen, als Entstehungszeitraum wird oft das erste Drittel des 19. Jahrhunderts genannt. Diese Schweine werden in drei Erscheinungsformen gezüchtet: als blonde, rote und schwalbenbäuchige Mangalitzas. Charakteristisch ist ihr Haar, mit Unterwolle und lockigen Borsten, das ihnen auch die Bezeichnung als ›Wollschwein‹ (oder sogar ›Schafsschwein‹) eingetragen hat. Diese dichte Behaarung schützt die Mangalitza-Schweine auch bei extremen Witterungsverhältnissen; sie können daher ganzjährig im Freien gehalten werden. Ihre robuste und widerstandsfähige Natur – verbunden mit einem ausgesprochen gutmütigen Charakter – sorgte zunächst für weite Verbreitung: um 1890 wurden in Ungarn rund neun Millionen Mangalitzas gehalten. Nach dem Zweiten Weltkrieg kam es zur allmählichen Verdrängung durch die Schweineindustrie; gegen Ende der siebziger Jahre gab es kaum noch zweihundert Exemplare, auch diese Hausschweinrasse war also vom raschen Aussterben bedroht. Die Gesellschaft zur Erhaltung alter und gefährdeter Haustierrassen erklärte das Mangalitza-Schwein zur besonders ›gefährdeten Nutztierrasse des Jahres 1999‹. Seitdem die Gastronomie im deutschsprachigen Raum die Wollschweine als Geschmacksattraktion entdeckt und in ihr Angebot aufgenommen hat, scheint sich die Lage etwas zu bessern.

Mangalitza-Wollschwein

Piétrain
Sus scrofa domestica

Piétrain
Piétrain

Die schwarz-weiß gescheckten Schweine stammen aus jenem belgischen Dorf, dem sie ihren Namen verdanken; vermutlich entstanden sie aus einer Kreuzung zwischen normannischen Bayeux-Schweinen und britischen Large Whites. Das erste Herdbuch wurde 1958 angelegt. Piétrains sind mittelgroß und stämmig, mit stehenden, leicht nach vorn geneigten Ohren; ihre Beine sind kurz und kräftig. Die Schultern sind massig, der Körper rundlich und tief. Sie können eine Länge von 160 cm und eine Höhe von 80 cm erreichen; ein ausgewachsener Eber wiegt zwischen 250 und nahezu 290 Kilogramm, und eine Sau kann fast 260 Kilogramm schwer werden. Das Fleisch der Piétrains ist besonders mager; es entspricht damit den neueren Konsumtrends, die Gesundheitsorientierung und Fettreduktion favorisieren. Auch darum wurden die Piétrain-Schweine seit den siebziger Jahren gern als sogenannte Vaterrasse für die Schweinezucht eingesetzt. Piétrains wurden vorrangig nach Frankreich und ab 1960 auch nach Deutschland exportiert; Züchtungen gibt es beispielsweise in Schleswig-Holstein, Nordrhein-Westfalen oder Baden-Württemberg. Allerdings sagt man ihnen keine große Robustheit nach: Bei Stress – wie er in extensiver Industriehaltung häufig aufzutreten pflegt – können sie einfach tot umfallen. Aus diesem Grund vermochten sie sich etwa gegen die Large Whites in Großbritannien kaum durchzusetzen.

Piétrain **139**

Schwäbisch-Hällisches Landschwein

Sus scrofa domestica

Swabian-Hall swine

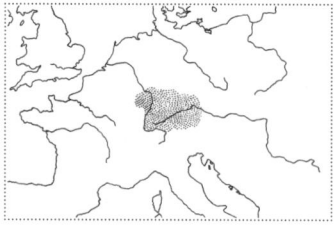

Um 1820 importierte König Wilhelm I. von Württemberg chinesische Maskenschweine, um sie mit einheimischen Rassen zu kreuzen und die regionale Landwirtschaft zu fördern. Aus dieser Initiative entstanden die Schweine von Schwäbisch Hall. Zu den charakteristischen Merkmalen zählen der schmale Kopf, die hohen Beine, die Hängeohren, vor allem aber die typische Färbung: Kopf, Hals und Hinterbeine sind schwarz, der Schwanz ist schwarz mit weißer Spitze. Umgangssprachlich wurden sie ›Mohrenköpfle‹ genannt. Diese Schweine zeichneten sich aus durch große Fruchtbarkeit; und sie waren ziemlich schwer: Ein ausgewachsener Eber konnte bis zu 350 Kilogramm wiegen, die Sau bis zu 275 Kilogramm. Wie so viele andere Schweinerassen wurden sie von der industriellen Schweinehaltung so nachhaltig verdrängt, dass sie Anfang der achziger Jahre bereits als ausgestorben galten. 1984 waren es gerade einmal ein Eber und sieben Mutterschweine, mit denen einige Landwirte in Schwäbisch Hall eine neue Zucht begründeten. 1987 wurden die Schwäbisch-Hällischen Schweine von der bereits mehrfach erwähnten Gesellschaft zur Erhaltung alter und gefährdeter Haustierrassen zur ›besonders gefährdeten Nutztierrasse des Jahres‹ erklärt. Seither haben verschiedene Züchterverbände in Baden-Württemberg eine Art von Renaissance eingeleitet und dabei für ihre Zuchtbemühungen strenge Regeln aufgestellt, zu denen auch die konsequente Fütterung mit gentechnikfreier Nahrung gehört.

Schwäbisch-Hällisches Landschwein

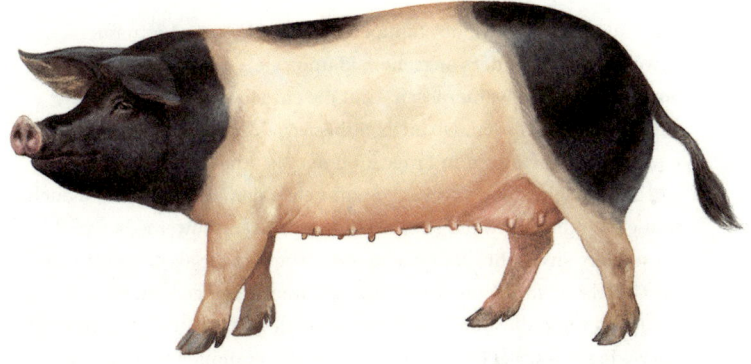

Vietnamesisches Hängebauchschwein
Sus scrofa domestica

Vietnamese Potbelly
Cochon du Vietnam

Die Hängebauchschweine stammen ursprünglich aus Vietnam; obwohl sie ganz anders aussehen, können sie – wie alle anderen hier portraitierten Schweinerassen – auf die eurasischen Wildschweine zurückgeführt werden. Ob auch chinesische Bindenschweine (*Sus scrofa vittatus*) als Vorfahren in Frage kommen, ist umstritten. Gezüchtet wurden verschiedene Farbvarianten; neben den schwarzen sind auch weiße oder grauschwarz gescheckte Hängebauchschweine bekannt. Diese Tiere sind sehr klein; sie messen wenig mehr als 40 Zentimeter. Ihr Gesicht ist faltig, die Nase kurz, der Rücken eingedellt, die Beine kurz und dick, und ihr Bauch schleift fast auf dem Boden. Der Eber wiegt maximal 60 Kilo, die Sau 50 Kilogramm. Nachdem die Hängebauchschweine zunächst nur für Zoos – etwa in Skandinavien oder Kanada – importiert wurden, erwarben sie bald eine gewisse Popularität als exotische Schoßtiere. Besonders berühmt wurde George Clooneys Hängebauchschwein Max, das auf seinem Anwesen in Hollywood lebte und gelegentlich das Bett mit seinem Besitzer geteilt haben soll. Max starb im Dezember 2006, er erreichte das vergleichsweise legendäre Alter von achtzehn Jahren. Der Filmstar scherzte gern, die Beziehung zu Max sei die längste seines Lebens. Er hatte Max mit seiner damaligen Freundin, der Schauspielerin Kelly Preston, ›adoptiert‹; nach der Trennung erhielt Clooney das ›Sorgerecht‹.

Vietnamesisches Hängebauchschwein **143**

Wildschwein
Sus scrofa

Wild boar
Sanglier

Wildschweine sind die Vorfahren aller bisher vorgestellten Schweinerassen. Ursprünglich stammten sie wahrscheinlich aus Südostasien, verbreiteten sich in ganz Europa und sind heute auch auf dem nord- und südamerikanischen Festland, in Australien und auf zahlreichen Inseln heimisch. Charakteristisch sind der – in Relation zum Körperbau – große, keilförmige Kopf, die lange Nase, die kleinen, aufrecht stehenden Ohren, das dichte Borstenhaar und der Borstenkamm auf dem Rücken, der aufgestellt werden kann. Der Keiler ist viel größer als die Bache; imponierend sind die massiven Schultern, die von einem dicken Knorpelschild geschützt werden. Auffällig ist auch der lange Schwanz, mit dessen Anheben die Wildschweine ihre Stimmungen signalisieren können. Ausgewachsene Bachen wiegen maximal 150, Keiler bis zu 200 Kilogramm. Wildschweine haben sich in den vergangenen Jahren Verbreitungsgebiete zurückerobert, aus denen sie beinahe vertrieben waren: in Russland, Skandinavien, aber auch in der italienischen Toskana oder in Westeuropa. Während in den sechziger Jahren etwa in Deutschland jährlich weniger als 30 000 Wildschweine erlegt wurden, stiegen die Abschusszahlen nach der Jahrtausendwende auf rund 500 000 Tiere im Jahr. Auch in manchen Großstädten – von Berlin bis Havanna – haben sich Wildschweine inzwischen erfolgreich angesiedelt.

Wildschwein **145**

Anmerkungen

Einleitung: Schwein und Schein

1 George Orwell: *Farm der Tiere*, Berlin 1990, S. 111.
2 Gottfried Benn: *Gedichte in der Fassung der Erstdrucke*, Frankfurt am Main 1982, S. 88.
3 Zitiert nach: Martin Gilbert: *Winston S. Churchill VIII. Never Despair, 1945–1965*, London 1988, S. 304.
4 Vgl. Heinrich-Böll-Stiftung et al. (Hrsg.): *Fleischatlas 2013. Daten und Fakten über Tiere als Nahrungsmittel*, Berlin 2013, S. 13.
5 Ebd., S. 21.
6 Vgl. Hans-Dieter Dannenberg: *Schwein haben. Historisches und Histörchen vom Schwein*, Jena 1990, S. 68.
7 Cora Stephan: »Aus den Memoiren einer Schweinezüchterin«, in: *Die Rübe. Magazin für kulinarische Literatur*, Heft 2 1990, S. 113–121; hier: S. 117.

Einzug ins Haus: Domestikationsgeschichte

1 Alfred Edmund Brehm et al.: *Brehms Tierleben. Allgemeine Kunde des Tierreichs. Die Säugetiere*. Dritter Band, Leipzig / Wien 1900, S. 512 f.
2 Norbert Benecke: *Der Mensch und seine Haustiere. Die Geschichte einer jahrtausendealten Beziehung*, Stuttgart 1994, S. 249.
3 Herodot: *Historien*, Stuttgart 1971, S. 121 [II, 47].
4 Norbert Benecke: *Der Mensch und seine Haustiere*, a. a. O., S. 256.
5 Alfred Edmund Brehm et al.: *Brehms Tierleben*, a. a. O., S. 513.

Speisetabus

1 Marilyn Nissenson, Susan Jonas: *Das allgegenwärtige Schwein*, Köln 1997, S. 20.
2 Mose ben Maimon: *Führer der Unschlüssigen*. Drittes Buch, Leipzig 1924, S. 310 f.
3 Marvin Harris: *Wohlgeschmack und Widerwillen. Die Rätsel der Nahrungstabus*, Stuttgart 1990, S. 69 f.

4 Ebd., S. 73 f.
5 Ebd., S. 79 f.
6 Ebd., S. 75 f.
7 Vgl. Christopher Hitchens: *Der Herr ist kein Hirte. Wie Religion die Welt vergiftet,* München 2009, S. 55 f.

Schweine in der Antike

1 Homer: *Die Odyssee,* Düsseldorf / Zürich 2004, S. 239.
2 Ebd., S. 241 f.
3 Aristoteles: *Tierkunde,* Paderborn 1957, S. 341 f. [VIII, 6].
4 Lucius Iunius Moderatus Columella: *Zwölf Bücher über Landwirtschaft.* Band II, München / Zürich 1982, S. 201 und 203 [VII, 9].
5 Ebd., S. 203 und 205.
6 Ebd., S. 205 und 207.
7 Ebd., S. 207.
8 Hans-Dieter Dannenberg: *Schwein haben,* a. a. O., S. 52.
9 Ebd., S. 51.
10 Plutarch: *Vergleichende Lebensbeschreibungen.* Erster Theil, Magdeburg 1799, S. 76 f.
11 Horst Kurnitzky: *Triebstruktur des Geldes. Ein Beitrag zur Theorie der Weiblichkeit,* Berlin 1974, S. 123.
12 Ebd.
13 Frederick E. Zeuner: *Geschichte der Haustiere,* München / Basel / Wien 1967, S. 227.
14 Horst Kurnitzky: *Triebstruktur des Geldes,* a. a. O., S. 124. Vgl. auch Georges Devereux: *Baubo. Die mythische Vulva,* Frankfurt am Main 1985, S. 75.

Die Schweine des Antonius

1 Florian Langegger: *Doktor, Tod und Teufel. Vom Wahnsinn und von der Psychiatrie in einer vernünftigen Welt,* Frankfurt am Main 1983, S. 126.
2 Vgl. Robert Gordon Wasson, Albert Hofmann, Carl A. P. Ruck: *Der Weg nach Eleusis. Das Geheimnis der Mysterien,* Frankfurt am Main 1984.
3 Aurelius Augustinus: *Vorträge über das Evangelium des hl. Johannes.* III. Band, Kempten / München 1914. S. 87 [73, 1].

4 Wilfried Schouwink: *Der wilde Eber in Gottes Weinberg. Zur Darstellung des Schweins in Literatur und Kunst des Mittelalters,* Sigmaringen 1985, S. 37.
5 Ebd., S. 76 f. Vgl. auch Isaiah Shachar: *The Judensau. A Medieval Anti-Jewish Motif and its History,* London 1974.
6 Peter Dinzelbacher: *Das fremde Mittelalter. Gottesurteil und Tierprozess,* Essen 2006, S. 113.
7 Ebd., S. 139.

Zwischenspiel am Pazifik

1 Hans-Dieter Dannenberg: *Schwein haben,* a. a. O., S. 104.
2 Lyall Watson: *The Whole Hog. Exploring the Extraordinary Potential of Pigs,* London 2004, S. 4.
3 Ebd., S. 13.
4 »Ungehemmte Angriffslust«, in: *Der Spiegel,* Nr. 7 vom 10. Februar 1997, S. 198 f.; hier: S. 198. Vgl. Wulf Schiefenhövel: »Aggression und Aggressionskontrolle am Beispiel der Eipo aus dem Hochland von West-Neuguinea«, in: Heinrich von Stietencron, Jörg Rüpke (Hrsg.): *Töten im Krieg,* Freiburg im Breisgau / München 1995, S. 339–362.

Verwandlungen: Zur Erotisierung der Schweine

1 Elias Canetti: *Masse und Macht.* Werke Band III, München / Wien 1993, S. 399.
2 Ebd., S. 153.
3 Plutarch: »Gryllus, oder Beweis, daß die unvernünftigen Thiere Vernunft haben«, in: *Moralia.* Band 2, Wiesbaden 2012, S. 643–653; hier: S. 644.
4 Marie Darrieussecq: *Schweinerei,* Frankfurt am Main 1998, S. 48.
5 Ebd., S. 121.
6 Ebd., S. 141.
7 David Cooper: *Der Tod der Familie,* Reinbek 1972, S. 64.

Gebildete und abgebildete Schweine

1 Harald Gebhardt, Mario Ludwig: *Die berühmtesten Tiere der Welt,* München 2008, S. 107.

2 Claudius Aelianus: *Tiergeschichten*. Werke IV, Stuttgart 1859, S. 737 [VIII, 19]. Vgl. auch Hans-Dieter Dannenberg: *Schwein haben*, a. a. O., S. 176 f.
3 Pelham Grenville Wodehouse: *Schwein oder Nichtschwein*, München 1983, S. 245.
4 Wilfried Schouwink: *Der wilde Eber in Gottes Weinberg*, a. a. O., S. 100 f.
5 Lyall Watson: *The Whole Hog*, a. a. O., S. 230.
6 Ebd., S. 231.
7 Ebd., S. 232.
8 Elke Striowsky: *Minischweine. Haltung, Pflege, Erziehung*, Stuttgart 2006, S. 31.
9 Lyall Watson: *The Whole Hog*, a. a. O., S. 232.
10 Ricky Jay: *Sauschlau & Feuerfest. Menschen, Tiere, Sensationen des Showbusiness. Steinfresser, Feuerkönige, Gedankenleser, Entfesselungskünstler und andere Teufelskerle*, Offenbach 1988, S. 23.
11 Ebd., S. 24.
12 [Nicholas Hoare]: *The Life and Adventures of Toby the Sapient Pig, with his Opinions on Men and Manners, written by himself*, London 1817, S. 23.
13 Jasmin Mersmann: »Als die Bilder laufen lernten ... Lebende Schweine in der zeitgenössischen Kunst«, in: Thomas Macho (Hrsg.): *Arme Schweine. Eine Kulturgeschichte*, Berlin 2006, S. 110–114; hier: S. 112.
14 Carsten Höller, Rosemarie Trockel: »Einleitung«, in: Carsten Höller, Rosemarie Trockel: *Ein Haus für Schweine und Menschen*, Köln 1997. S. 7–12; hier: S. 10.
15 Jasmin Mersmann: »Als die Bilder laufen lernten ... «, a. a. O., S. 113.

Glücksschweine, Sparschweine, Kuschelschweine

1 Hans Ulrich Esslinger: »Schwein gehabt. Schwein, Geld und Glück«, in: Macho (Hrsg.): *Arme Schweine*, a. a. O., S. 66–69; hier: S. 67 f.
2 Ebd., S. 68.

3 Lewis Carroll: *Alice im Wunderland,* Frankfurt am Main 1963, S. 63–65.
4 Matt Cartmill: *Tod im Morgengrauen. Das Verhältnis des Menschen zu Natur und Jagd,* München / Zürich 1993, S. 225 f.

Schweinekuren, Schweineversuche

1 *Grosses Vollständiges Universal-Lexicon aller Wissenschaften und Künste.* Band 36: Schwe–Senc, Leipzig / Halle 1743, Sp. 253.
2 Hans-Dieter Dannenberg: *Schwein haben,* a. a. O., S. 155.
3 Vgl. Annette Wunschel: »Heilsame Schweine. Metamorphosen in der Medizingeschichte«, in: Macho (Hrsg.): *Arme Schweine,* a. a. O., S. 82–86; hier: S. 84 f.
4 Franz M. Wuketits: *Schwein und Mensch. Die Geschichte einer Beziehung,* Hohenwarsleben 2011, S. 140.
5 Ebd., S. 135 f.
6 Ebd., S. 137.

Schwein und Fleisch: Porcile und Pigtopia

1 Ovid: *Metamorphosen. Das Buch der Mythen und Verwandlungen,* Zürich / München 1989, S. 192.
2 Dieter Kühn: *Tristan und Isolde des Gottfried von Straßburg.* Frankfurt am Main 2003, S. 575 f.
3 Ebd., S. 804.
4 Ebd., S. 378. Vgl. auch Wilfried Schouwink: *Der wilde Eber in Gottes Weinberg,* a. a. O., S. 48 f.
5 Olaf Rader: »Identität Schwein. Von Ruhm und Spott, von Kampf und Kot«, in: Macho (Hrsg.): *Arme Schweine,* a. a. O., S. 58–61; hier: S. 59.
6 Conrad Gesner: *Thierbuch. Nachdruck der Ausgabe von 1669,* Hannover 1980, S. 337.
7 Karl August Groskreutz: *Die Sau des Salomo. Fährten des weißzahnichten Schweins in der Weltliteratur,* Reinbek 1989, S. 69 f.
8 Erasmus von Rotterdam: *Das Lob der Torheit,* Basel / Stuttgart 1966, S. 77.
9 Thomas Morus: *Utopia,* Leipzig 1976, S. 84.

10 Michel de Montaigne: »Über die Grausamkeit«, in: Ders.: *Essais,* Frankfurt am Main 1998, S. 210–216 [II, 11]; hier: S. 215.
11 Vgl. Thomas Macho: »Der Aufstand der Haustiere«, in: Regina Haslinger (Hrsg.): *Herausforderung Tier. Von Beuys bis Kabakov,* München / London / New York 2000, S. 76–99.
12 Tess Gerritsen: *Abendruh,* München 2013, S. 7.
13 Pier Paolo Pasolini: *Lichter der Vorstädte,* Hofheim 1986, S. 121.
14 Ebd., S. 122.
15 Ebd., S. 123.
16 Kitty Fitzgerald: *Pigtopia,* München 2006, S. 8.
17 Vgl. Jean Baudrillard: *Der symbolische Tausch und der Tod,* München 1982.
18 Vgl. Claudia Schreiber: *Emmas Glück,* Leipzig 2003, S. 181.
19 Vgl. Gail A. Eisnitz: *Slaughterhouse. The Shocking Story of Greed, Neglect, and Inhumane Treatment Inside the U.S. Meat Industry,* Amherst 2007.

20 Hugo von Hofmannsthal: *Der Turm* (1924), in: Ders.: *Gesammelte Werke in zehn Einzelbänden.* Band 3: Dramen III 1893–1927, Frankfurt am Main 1979, S. 255–381; hier: S. 304.

Portraits

1 Franz M. Wuketits: *Schwein und Mensch,* a. a. O., S. 19.

Weiterführende Literatur

Aristoteles: *Tierkunde.* in: ders.: *Die Lehrschriften,* Band 8, 1. Paderborn 1957.

Arme Schweine. Eine Kulturgeschichte. Herausgegeben von Thomas Macho, Berlin 2006.

Norbert Benecke: *Der Mensch und seine Haustiere. Die Geschichte einer jahrtausendealten Beziehung,* Stuttgart 1994.

Alfred Edmund Brehm, Wilhelm Haake, Eduard Pechuel-Loesche: *Brehms Tierleben. Allgemeine Kunde des Tierreichs. Die Säugetiere.* Dritter Band. Leipzig / Wien 1900.

Andy Case: *Schöne Schweine. Porträts ausgezeichneter Rassen,* Münster-Hiltrup 2010.

Lucius Iunius Moderatus Columella: *Zwölf Bücher über Landwirtschaft,* Band II. München / Zürich 1982.

Carleton Stevens Coon: *Caravan. The Story of The Middle East,* New York 1951.

Hans-Dieter Dannenberg: *Schwein haben. Historisches und Histörchen vom Schwein,* Jena 1990.

Nigel Davies: *Opfertod und Menschenopfer. Glaube, Liebe und Verzweiflung in der Geschichte der Menschheit.* Düsseldorf / Wien 1981.

Fleischatlas 2014. Daten und Fakten über Tiere als Nahrungsmittel. Herausgegeben von der Heinrich-Böll-Stiftung u. a., Berlin 2014.

Conrad Gesner: *Thierbuch. Nachdruck der Ausgabe von 1669,* Hannover 1980.

Marion Giebel: *Tiere in der Antike. Von Fabelwesen, Opfertieren und treuen Begleitern,* Darmstadt 2003.

Karl August Groskreutz: *Die Sau des Salomo. Fährten des weißzahnichten Schweins in der Weltliteratur,* Reinbek 1989.

Marvin Harris: *Wohlgeschmack und Widerwillen. Die Rätsel der Nahrungstabus,* Stuttgart 1990.

Thomas Macho: *Der Aufstand der Haustiere*, in: *Herausforderung Tier. Von Beuys bis Kabakov*, herausgegeben von Regina Haslinger, München / London / New York 2000, S. 76–99.

Christien Meindertsma: *PIG 05049 1:1.*, Rotterdam 2007.

Helmut Meyer, Peter Robert Franke, Johann Schäfer: *Hausschweine in der griechisch-römischen Antike. Eine morphologische und kulturhistorische Studie*, Oldenburg 2004.

Brett Mizelle: *Pig*, London 2011.

Marilyn Nissenson und Susan Jonas: *Das allgegenwärtige Schwein*, Köln 1997.

Oskar Panizza: *Das Schwein in poetischer, mitologischer und sittengeschichtlicher Beziehung*, München 1994.

Pigs and Humans. 10 000 Years of Interaction. Herausgegeben von Umberto Albarella, Keith Dobney, Anton Ervynck, Peter Rowley-Conwy, Oxford / New York 2007.

R. Johanna Regnath: *Das Schwein im Wald. Vormoderne Schweinehaltung zwischen Herrschaftsstrukturen, ständischer Ordnung und Subsistenzökonomie*, Ostfildern 2008.

Rocco und Antonia: *Schweine mit Flügeln. Sex + Politik: Ein Tagebuch*, Reinbek 1977.

Wilfried Schouwink: *Der wilde Eber in Gottes Weinberg. Zur Darstellung des Schweins in Literatur und Kunst des Mittelalters*, Sigmaringen 1985.

Lyall Watson: *The Whole Hog. Exploring the Extraordinary Potential of Pigs*, London 2004.

Franz M. Wuketits: *Schwein und Mensch. Die Geschichte einer Beziehung*, Hohenwarsleben 2011.

Toshiteru Yamaji: *Pigs and Papa*, Tokio 2010.

Frederick E. Zeuner: *Geschichte der Haustiere*, München / Basel / Wien 1967.

Abbildungsverzeichnis

Frontispiz *Le Cochon.* Nouvelle galerie d'histoire naturelle, tirée des Œuvres complètes de Buffon et de Lacépède, Paris 1885.

Seite 11 *Female wild boar and young.* Brehm's Life of animals, Vol. 1: Mammalia, Chicago 1895.

Seite 17 *Altägyptische Wandzeichnung im Grab des Inena in Theben,* um 1450 v. Chr.

Seite 18 *Schweineopfer.* Epidromos-Maler, um 510–500 v. Chr.

Seite 20/21 *Cochon domestique, Sanglier.* Dictionnaire pittoresque d'histoire naturelle et des phénomènes de la nature, Paris 1833–40.

Seiten 22 *Der verlorene Sohn bei den Schweinen.* Albrecht Dürer, 1496.

Seite 28 *Three pigs lying on their sides, a pigsty and trough beyond.* Karel Dujardin, 1652.

Seite 31 *Das wilde Schwein.* Naturgeschichte und Abbildungen der Menschen und Säugethiere, Zürich 1840.

Seite 34 *Sus Scrofa domesticus.* Die Säugthiere in Abbildungen nach der Natur, Erlangen 1846.

Seite 39 *Porcus domesticus. Aper seu syagros.* Ulisse Aldrovandi.

Seite 40 *Girl and Pigs.* Richard Earlom, 1783.

Seite 43 *Süditalienische Votivfigur der Baubo.*

Seite 46/47 *Les sangliers. Une panique, d'après un tableau de Gridel et un dessin de Jules Laurens.* Buffon: Histoire naturelle des animaux, Paris 1888.

Seite 52 *Die Versuchung des heiligen Antonius.* Hieronymus Bosch, nach 1500.

Seite 58 *Sus scrofa moupinensis.* Recherches pour servir à l'histoire naturelle des mammifères, Paris 1868–1874.

Seite 60/61 *Pigs and Papa.* Toshiteru Yamaji, Tokio 2010.

Seite 66/67 *Circe and her swine.* Briton Rivière, 1871.

Seite 71 *Pornocratès.* Félicien Rops, 1878.

Seite 74 *A Sow and her Litter.* David Teniers der Jüngere, vor 1690.

Seite 81 Werbeplakat für *Toby the Sapient Pig.*

Seite 83 *Der Schweinehirte.* Charles-Émile Jacque, 1890.

Seite 89 *Glückliches Neujahr.* Bildpostkarte, um 1900.

Seite 93 *Kate Burton as Alice with the pig in »Alice in Wonderland«.* Martha Swope, 1982. Copyright: Photo by Martha Swope / © The New York Public Library

Seite 94 *Sus Scrofa fasciatus.* Die Säugthiere in Abbildungen nach der Natur, Erlangen 1846.

Seite 97 Ausschnitt aus dem Titelkupfer zu Galens *Operum Fragmenta,* Venedig 1547.

Seite 97 *Sus facie humana cum crista.* Ulisse Aldrovandi: Monstrorum Historia, 1642.

Seite 102 *Indian Wild Boar by Winifred Austen.* The wild beasts of the world, London 1909.

Seite 107 *Schweine.* Conrad Gesner: Thierbuch, Zürich 1563.

Seite 108/109 *The Calydonian Boar Hunt.* Peter Paul Rubens, ca. 1611–1612.

Seite 113 *Das gespaltene Schwein.* Isaac van Ostade, 1640–45.

Seite 117 *Geschlachtetes Schwein.* Lovis Corinth, 1906.

Seiten 123–145 Illustrationen von Falk Nordmann, Berlin 2015.

Thomas Macho, 1952 in Wien geboren, ist Professor für Kulturgeschichte an der Humboldt-Universität zu Berlin und veröffentlichte zahlreiche Monografien, u. a. *Todesmetaphern. Zur Logik der Grenzerfahrung* (1987), *Das zeremonielle Tier. Rituale – Feste – Zeiten zwischen den Zeiten* (2004) und *Vorbilder* (2011).

NATURKUNDEN № 17
Erste Auflage Berlin 2015

NATURKUNDEN
herausgegeben von Judith Schalansky
erscheinen bei Matthes & Seitz Berlin
ermöglicht durch Jan Szlovak, Hamburg

Copyright © 2015
MSB Matthes & Seitz Berlin Verlagsgesellschaft mbH
Göhrener Straße 7, 10437 Berlin
info@matthes-seitz-berlin.de
info@naturkunden.de
Alle Rechte vorbehalten.

EINBAND UND TYPOGRAFIE Pauline Altmann, Berlin
nach einem Entwurf von Judith Schalansky
TITELILLUSTRATION Pauline Altmann, Berlin;
nach einem mittelgroßen weißen englischen Schwein
aus *Rohde's Schweinezucht,* Berlin 1906
SCHRIFT Ingeborg von Michael Hochleitner/Typejockeys
LITHOGRAFIE Tomas Mrazauskas, Berlin
HERSTELLUNG Hermann Zanier, Berlin
PAPIER 90 g/m² Fly 04 hochweiß, 1,2 faches Volumen
EINBANDMATERIAL Napura® Khepera von
Winter & Company GmbH, Lörrach
DRUCK UND BINDUNG Pustet, Regensburg

ISBN 978-3-95757-099-4

www.naturkunden.de
www.matthes-seitz-berlin.de